全国生态环保优质农业投入品（肥料）典范（第一卷）

农业农村部农产品质量安全中心　编

U0272036

中国农业科学技术出版社

图书在版编目（CIP）数据

全国生态环保优质农业投入品（肥料）典范.第一卷/农业农村部农产品质量安全中心编.--北京：中国农业科学技术出版社，2021.10

ISBN 978-7-5116-5516-5

Ⅰ.①全… Ⅱ.①农… Ⅲ.①肥料—质量管理—中国 Ⅳ.①S146

中国版本图书馆CIP数据核字（2021）第193930号

责任编辑　周　朋
责任校对　马广洋
责任印制　姜义伟　王思文

出 版 者　中国农业科学技术出版社
　　　　　北京市中关村南大街12号　　邮编：100081
电　　话　（010）82106631（编辑室）　（010）82109702（发行部）
　　　　　（010）82109709（读者服务部）
传　　真　（010）82106631
网　　址　http：//www.CASTP.cn
经 销 者　各地新华书店
印 刷 者　北京地大彩印有限公司
开　　本　185 mm×260 mm　1/16
印　　张　13.5
字　　数　320千字
版　　次　2021年10月第1版　2021年10月第1次印刷
定　　价　158.00元

《全国生态环保优质农业投入品（肥料）典范（第一卷）》

编委会

前　言

　　生态环保优质农业投入品既是高品质农产品生产的物质保障，也是保障农业绿色发展的重要基础，更是农产品全程质量控制的关键环节，同时还是质量兴农和农业高质量发展的重要实现路径。按照《中共中央　国务院关于深化改革加强食品安全工作的意见》和《乡村振兴战略规划（2018—2022 年）》关于全面推行良好农业规范、支持建立生产精细化管理与产品品质控制体系的部署，结合《国家质量兴农战略规划（2018—2022 年）》良好农业规范认证目标和实施农产品质量全程控制生产基地创建工程的要求，农业农村部农产品质量安全中心探索开展生态环保优质农业投入品技术评价与生产应用试点工作，经各肥料生产与应用单位自愿申请，所在地（市、县、区）及省级农产品质量安全（优质农产品）工作机构审核、专家技术评审，95 家生产单位和 45 家应用单位正式纳入首批全国生态环保优质农业投入品（肥料）试点范围，试点期 3 年。

　　为进一步加大对生态环保优质农业投入品（肥料）的产销对接与品牌宣展力度，国家农业农村部农产品质量安全中心组织编撰本典范，收录 108 家追求肥料生产与应用的生态环保优质化单位，进行企业和产品的集中展示与推介，以期满足农业高质量发展和公众对安全优质营养健康农产品的迫切需求。本书在编写过程中得到了各省级农产品质量安全（优质农产品）工作机构、全国生态环保优质农业投入品技术评价机构、相关业务技术机构及生产与应用单位的大力支持，在此表示衷心感谢。

农业农村部农产品质量安全中心

2021 年 8 月

目　录

※※　生产试点单位　※※

※ ※ 应 用 试 点 单 位 ※ ※

生产试点单位

北京航天恒丰科技股份有限公司

北京航天恒丰科技股份有限公司是国家高新技术和中关村高新技术企业，主要从事营养型微生物菌剂、抗病型微生物菌剂、土壤面源污染修复菌剂、单质元素改性菌剂、矿产资源生态修复菌剂、工业固废处理循环利用菌剂、有机废弃物处理菌剂、污水和油田处理菌剂等产品的研制与开发，打造了"微生物+"生态系统。

公司拥有农业农村部微生物菌剂利用重点实验室、北京市级企业研发机构、中国科学院院士工作站、中国微生物科普馆和清华大学国际成果转化平台，是第六批农业产业化国家重点龙头企业，有100多项发明专利作为技术支持。高含量菌粉有效活菌数≥6 000亿/g，是国家标准《农用微生物菌剂》（GB 20287—2006）的3 000倍，并取得国内唯一的微生物菌剂登记证。自主研发高新技术产品41个，均获得北京市新技术新产品技术服务认证。

典范产品1："炭复肥"复合微生物肥料

剂型	技术指标	登记证号
颗粒	有效活菌数≥0.2亿/g；	微生物肥（2012）准字（0947）号
粉剂	N+P$_2$O$_5$+K$_2$O=25%；有机质≥20%	微生物肥（2013）准字（1023）号
颗粒	有效活菌数≥0.2亿/g； N+P$_2$O$_5$+K$_2$O=18%；有机质≥20%	微生物肥（2013）准字（1037）号

产品特点

本产品特有的微生物菌株在代谢过程中产生大量生物激素，刺激调节作物生长，增强作物抗病、抗逆能力，促进作物根系生长，提升肥料利用率，增强细胞活力，防治土传病害，改良土壤结构，改善作物品质。具有增产增收、绿色环保、耐盐碱、抗重茬、防治根结线虫、改良土壤、改善作物品质等多重优点。

推广效果

本产品在北京、河北、山西等多地进行了大面积推广。产品营养全面，广泛用于玉米、小麦、水稻、大豆、棉花、马铃薯、烟草，以及瓜果蔬菜等多种作物，具有明显的增产效果，大田作物增产15%以上，经济作物增产25%以上。

典范产品2：微生物菌肥

产品特点

本产品含有大量有益微生物，可将作物不能吸收利用的物质转化为可被吸收利用的营养物质。微生物生长代谢过程中产生的大量激素及几丁质酶等物质，能够刺激和调节作物生长，增强作物抗病抗旱能力，改善作物品质，对真菌和根结线虫等土传病害有显著的防治作用。

推广效果

本产品在北京、河北、山东、辽宁、黑龙江等地进行了大面积推广应用，在提高作物产量、改善作物品质、防治土传病害方面具有明显效果。

典范产品3：微生物菌剂

剂型	技术指标	登记证号
粉剂	有效活菌数≥6 000亿/g	微生物肥（2018）准字（3251）号
粉剂	有效活菌数≥1 500亿/g	微生物肥（2018）准字（4154）号
粉剂	有效活菌数≥1 200亿/g	微生物肥（2017）准字（2170）号

产品特点

本品含有丰富的抗病型微生物菌株，能在作物根系周围固定并大量繁殖，快速与土壤中有害菌群竞争，消灭土壤中有害菌群，增强根系活力和生根能力，具有抗病虫害、抗寒、抗旱、抗倒伏、抗早衰等功效。

推广效果

本产品在北京、河北、天津、内蒙古、福建等地进行了大面积推广应用，长期使用本品可促进土壤团粒结构形成和增加土壤透气、透水性，提高土壤的保水、保肥能力，节水、减肥、减药，预防病虫害。

联系人	姜秀娟	联系电话	13716803661
传　真	010-69356928	电子邮箱	2665149010@qq.com
通信地址	北京市房山区窦店镇窦店村东京保路甲9号	网　址	www.bjhthfgf.com/

北京精耕天下农业科技股份有限公司

北京精耕天下农业科技股份有限公司（证券简称：精耕天下，证券代码：430108）是一家注册于中关村科技园区，专业致力于可持续发展型农业技术、服务及产品的国家高新技术企业。公司是国际土壤保护支持单位、中国农化服务企业百强、全国农化服务中心、首都助推食物安全优秀单位、专利试点单位，先后获得中国有机产品认证、ISO 9001 国际质量管理体系认证、国家高新技术企业认证、欧盟 ECOCERT 有机认证、美国农业部 NOP 有机产品认证、日本农林水产省 JAS 有机产品认证等，并获得国家进出口检验检疫指定检测机构认定的绿色企业称号。公司是国内多个省份政府采购定点供应商和国家出入境检验检疫局注册出口植物产品企业，产品遍布全国众多种植区域并常年出口海外市场。公司科研力量雄厚，有多位从事植物营养、植物保护、土壤肥料学、微生物学、化学、环境科学、作物科学、机械等研究方向的专家教授，公司经营管理团队由多名从事金融及工商管理专家组成。

典范产品1："炭复肥"复合微生物肥料

【登记证号】微生物肥（2016）准字（1792）号

【技术指标】有效活菌数 ≥ 0.20 亿 /g；$N+P_2O_5+K_2O=25\%$；有机质 ≥ 20.0%

【执行标准】NY/T 798—2015

产品特点

"炭复肥"采用国际经典种植配方，利用经过特殊工艺处理的优质天然高离子交换活性炭源进行营养调控并复合胡敏酸、活性中微量元素、有益微生物菌群等有效成分精制而成，含有丰富的有机酸和肽类，有益微生物及其分泌的植物生长素和胞外酶可有效调节植物生长活力、调节土壤微生态环境、抑制土传病害、提升作物抗逆性。与传统控释型复合肥相比，本产品营养释放均衡、100% 环保可降解（无包膜材料残留）、肥力强、产量高、品质优，长期使用对土壤具有显著的保护功效。本产品配方可满足大多数作物基肥期营养需求，同时可根据用户需要与任何单质或复合（混）肥配合，形成各种成套应用方案。

典范产品2：酵乐P20农用微生物菌剂

【登记证号】微生物肥（2018）准字（2804）号

【技术指标】有效活菌数 ≥ 2.0 亿 /g

【执行标准】GB 20287—2006

产品特点

1.强化菌群，修复土壤。富含大量强化复合有益芽孢菌群、活性酶、氨基酸、富里酸和生物刺激素，可有效修复土壤微生态环境，提高土壤有益菌群的生物量。

2. 固氮、解磷、解钾。有效提升植物对土壤中营养的吸收利用率，盘活土壤养分库，构建众多根际"微生物菌肥工厂"。

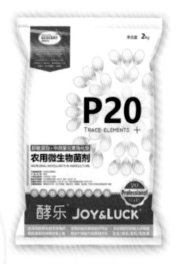

3. 促进作物生长。本品在土壤定殖后，能不断产生促进作物生长的多种代谢产物，可使作物侧根多、白根旺、茎秆更加粗壮。

4. 抗逆、抗重茬、抑病害。本品富含多形态有益营养元素，大量强化复合芽孢菌群可产生多种广谱性抑病成分，结合植物免疫型超敏蛋白等物质，具有显著的抗逆、抗重茬及抑制病害作用。

5. 强化补充中微量元素。本品载体成分中富含钙、镁、铁、锌、硼、硅、硫、锰、钼等矿物质成分，可有效补充多种作物所需中微量元素，预防作物缺素。

典范产品3：贝灵NF300生物有机肥

【登记证号】微生物肥（2013）准字（1001）号

【技术指标】有效活菌数 ≥ 0.20亿/g；有机质 ≥ 40.0%

【执行标准】NY 884—2012

产品特点

1. 多元化有效成分提升土壤地力。富含腐植酸、黄腐酸、氨基酸、活性酶、大中微量营养元素、优势菌群等功能性成分，形成多元化的配方。

2. 活化土壤，促根生长。富含大量有益菌群，活化土壤中固有无机营养物，分解转化有机营养物质，促进根系发展，抑制土壤病害。

3. 改良土壤结构，松土保肥。有益微生物菌群在土壤中增殖，协同作物的生长，使土壤疏松、透气，改善植物根部状况，增强根部吸收能力，提高作物抗性，增加土壤团粒结构。

联系人	孙建树	联系电话	13521805356
传　真	010-84818288	电子邮箱	jssun988@126.com
通信地址	精耕天下现代生物科学产业基地1号楼9号	网　址	www.JingGeng.net

北京可力美施生物科技有限公司

　　北京可力美施生物科技有限公司成立于 2009 年，是一家致力于以微生物肥料为代表的新型肥料产品的研发、制造与推广的高新技术型企业。公司通过对技术、资源、市场的有机结合，开发出适合我国国情的农用微生物菌剂、土壤修复菌剂及生物（有机）肥料产品，在减轻农民负担、提高作物品质和产量的同时获得显著的经济与社会效益。公司具备完善的研发团队，有从事微生物学的教授、专家及博士研究人员和多名配套化验人员，大专以上学历人员占员工总数 50% 以上。公司目前已建成生物肥研发及生产基地，配备全套微生物实验室、现代化的发酵培养车间及制肥车间等设施，可用于多种微生物菌种剂、土壤修复菌剂、有机物料腐熟剂及生物有机肥的研发制造，生产工艺先进，质量稳定可靠。公司拥有液体发酵、固体发酵及蒸汽灭菌、微生物学实验室等配套设施。

典范产品1："可力美施"土壤修复菌剂（适用于酸性土壤）

【登记证号】微生物肥（2019）准字（6742）号

【技术指标】有效活菌数 ≥ 10.0 亿 /g；胞外多糖 ≥ 1.0mg/g；有机质 ≥ 20.0%

【执行标准】Q/CPKLM 0002—2019

产品特点

　　1. 菌种组合适应性好，土壤修复能力强。经大量的选择性分离筛选和复壮等工作，挑选适合酸性土壤修复的菌种组合，对环境适应性强，且在酸性土壤中亦能有效定殖，抑制有害菌生长繁殖，分泌吲哚乙酸、赤霉素、细胞分裂素等多种生长素，具有明显的促生、增效作用，激活土壤中有益土著菌群，有效修复和重建健康的土壤及根际微生态环境。

　　2. 补硅又补钙。本产品能改善和提高磷肥的效果。硅对作物的产量和质量有着重大影响，可使表皮细胞硅质化，茎秆挺立，增强叶片的光合作用。硅化细胞还可增加细胞壁的厚度，形成一个坚固的保护层，使病菌难以入侵。钙可有效缓解酸性土壤中可交换钙易淋溶损失的问题，调节土壤酸碱程度，改善土壤结构，促进土壤有益微生物的活动，加速有机质分解和养分释放，减轻土壤中铁、铝离子对磷的固定，提高磷的有效性。

　　3. 优化的产品配方。补充土壤有机质和大中微量元素及生长因子，有效中和土壤酸度，提升地力，改善土壤团粒结构，降低土壤板结，提高透气性，促进土壤中微生物的活性，利于作物吸收营养，培肥土壤并提高作物产量和品质。

典范产品2："可力美施"V8000plus有机物料腐熟剂

【登记证号】微生物肥（2013）准字（1060）号

【技术指标】有效活菌数 ≥ 0.5 亿 /g

【执行标准】GB 20287—2006

产品特点

本产品是具备国内领先水平的高菌含量微生物发酵剂产品，通过筛选并复合多种具有特殊功能的强化微生物菌种，采用工业化的微生物发酵工程技术精制而成。本产品所使用的菌种互不拮抗，相互协同，具有发酵功能强、升温快速、发酵时间短、发酵温度高、腐熟彻底、使用量少、处理成本低等优势。可用于禽畜粪便、农业固废、城市及园林垃圾、滤泥废渣等固体有机废弃物的快速发酵腐熟与无害化处理。经过本产品发酵、除臭、腐熟、杀虫卵、灭有害微生物后的有机物料质量与肥效将得到彻底改观。

典范产品3："可力美施"生物有机肥

【登记证号】微生物肥（2012）准字（0940）号

【技术指标】有效活菌数 ≥ 0.20 亿 /g；有机质含量 ≥ 40.0%

【执行标准】NY 884—2012

产品特点

本产品是一款符合有机种植标准的生物有机肥产品，不仅含有大量固氮、解磷、解钾活性菌和丰富的天然高品质有机质，还含有腐殖质、活性蛋白、氨基酸和大中微量元素等多种促进植物生长的营养物质。可以显著改善土壤理化性状，调理土壤，增强土壤保肥、保水能力，有效提高肥料的利用率，减少化肥的施用量，长期使用更可从根本上逐步解决土壤板结、盐碱、农药化肥残留污染等问题。本品富含大量CLIMAX—V 系列有益微生物菌群，可有效抑制土壤中有害病原菌的生长繁殖，减少病虫害的发生，减轻作物重茬障碍。

联系人	刘阳	联系电话	15510587689
传　　真	010-84815595	电子邮箱	226358336@qq.com
通信地址	北京市顺义区后沙峪裕曦路11号院2号办公楼1010号	网　　址	www.ClimaxAgri.com

北京世纪阿姆斯生物技术有限公司

　　北京世纪阿姆斯生物技术有限公司成立于1996年，是我国第一批微生物肥料登记证获证企业，作为北京市高新技术企业，公司始终秉承发展绿色农业的经营理念，专业、专注投身于中国微生物肥料领域的研究与推广应用。公司发展至今，先后承担省部级技术研发和成果推广项目40余项，拥有专利18项、微生物肥料登记证32个、北京市新技术新产品23个，是北京市专利试点单位和农业产业化重点龙头企业。公司将坚持"以人为本、关爱家园、务实创新、共同发展"的企业宗旨，致力于打造"中国生物肥，世纪阿姆斯"系列知名品牌，为让阿姆斯成长为中国乃至全球微生物肥料行业的旗舰企业而不懈努力。

典范产品1：微生物菌剂系列产品

剂型	技术指标	登记证号
粉剂	有效活菌数≥2亿/g	微生物肥（2000）准字（0005）号
颗粒	有效活菌数≥10亿/g	微生物肥（2018）准字（2436）号
液体	有效活菌数≥2亿/mL	微生物肥（2007）准字（0395）号

产品特点

1. 改善土壤微生态环境，固氮、解磷、解钾，提高土壤供肥能力。

2. 抗重茬，抑制病原菌的入侵，预防土传病害，提高作物免疫功能。

3. 刺激根端分生组织细胞增长，促进营养根生长，增强养分、水分的吸收利用，促进新陈代谢，调节作物生长。

4. 提高肥料利用率，减少化肥用量，改善农产品品质。

推广效果

菌剂系列产品在北京、河北、山东、云南、广西、黑龙江等地进行了大面积推广应用。在果树、蔬菜等经济作物上效果显著，提高了作物产量，改善了作物品质，在防治土传病害方面具有明显效果。

典范产品2：复合微生物肥料系列产品

剂型	技术指标	登记证号
液体	有效活菌数≥0.5亿/mL；N+P$_2$O$_5$+K$_2$O=15%	微生物肥（2014）准字（1400）号

产品特点

1. 营养均衡，易吸收。含高活性菌种，小分子有机成分，速效氮磷钾及多种中微量元素，预防缺素，易吸收，见效快。

2. 增强免疫，抗病害。高活性微生物活化土壤养分的同时，分泌大量次生代谢产物，促进植物生长健壮，增强植物抵抗病原菌侵染能力，提高植物抗性。

3. 提高产量、增品质。促进根系加长变粗，叶色浓绿、茎秆粗壮、果实大、果色佳，减少畸形，提高产量、改善品质。

推广效果

本系列产品在我国大部分地区均有推广，使用效果得到农户的普遍认可。

典范产品3：生物有机肥系列产品

剂型	技术指标	登记证号
粉剂	有效活菌数≥0.2亿/g；有机质≥40%	微生物肥（2010）准字（0608）号
颗粒	有效活菌数≥0.2亿/g；有机质≥40%	微生物肥（2010）准字（0609）号

产品特点

1. 肥效持久。富含功能性菌种、氨基酸、腐植酸小分子有机成分，安全、健康，可以替代粪肥持续供应作物生育期养分。

2. 改良土壤。施用后可疏松土壤，促进团粒结构形成，提高土壤蓄肥、保水能力，培肥地力，提高化肥利用率，减少种植成本。

3. 提高效益。长期施用可有效降解土壤中农药，钝化重金属，改善农产品品质和安全性，提高经济效益和社会效益。

推广效果

本系列产品在我国种植区域进行了大面积推广应用，每年应用面积超1万亩。

联系人	魏浩	联系电话	15810179848
传真	56690599	电子邮箱	936456476@qq.com
通信地址	北京市平谷区兴谷开发区兴谷东路6号	网址	www.amms.com.cn

北京中农富源集团有限公司

北京中农富源集团有限公司是国家高新技术企业，技术后盾依托于中国农业科学院，与清华大学、中国农业大学、山东省农业科学院等科研院校有深度合作。

集团始于1998年，专注生物核心科技，布局生态种植、生态养殖、废弃物资源化综合利用、生态农产品与酵素饮品五大业务板块，致力于让中国农业真正地高质量循环起来。中农富源团队以"服务新三农 共创生态圈"为经营理念，努力撬动合作伙伴的联动性、共赢性和整体发展的持续性，创造共享共赢的利益共同体，为三农提供高质量生态循环农业发展的解决方案，打造"生态农村、绿色农业、有为农民"的新格局，助力实现乡村振兴"产业兴、乡村美、农民富"的目标。

典范产品1：微生物菌剂

剂型	技术指标	登记证号
颗粒	有效活菌数≥1亿/g	微生物肥（2013）准字（1244）号
颗粒	有效活菌数≥2亿/g	微生物肥（2013）准字（1189）号
粉剂	有效活菌数≥2亿/g	微生物肥（2017）准字（2369）号
粉剂	有效活菌数≥5亿/g	微生物肥（2017）准字（2232）号
粉剂	有效活菌数≥10亿/g	微生物肥（2018）准字（4711）号
颗粒	有效活菌数≥10亿/g	微生物肥（2018）准字（4558）号
液体	有效活菌数≥20亿/mL	微生物肥（2017）准字（2381）号
粉剂	有效活菌数≥200亿/g	微生物肥（2017）准字（2233）号

产品特点

本产品能显著提高作物根系生长能力，防治农作物烂根、死棵；改良土壤结构，提高化肥利用率；添加作物生长所需的中微量元素，有效防治作物病害，提高农产品品质。

推广效果

在贵州猕猴桃、栖霞苹果、寿光蔬菜、贵州天柱辣椒、吉林水稻、新疆棉花等作物上经过了长期大面积应用，结果表明，本产品具有提高作物产量，改善农产品品质及防治土传病害等功能。试验数据证明，本产品在各种作物上的平均增产率为10% ~ 30%。

典范产品2：土壤修复菌剂

剂型	技术指标	登记证号
粉剂	有效活菌数≥2.0亿/g；有机质≥20%	微生物肥（2019）准字（7400）号
颗粒	有效活菌数≥2.0亿/g；有机质≥20%	微生物肥（2020）准字（8833）号

产品特点

本品根据土壤微生态学原理与植物营养学原理，以天然有机质为原料，添加多种活性微生物、胞外多糖、黄腐酸，额外添加中微量元素等多种有效营养成分，按照酸碱平衡科学配比复合而成，具有调酸碱、矫缺素、促生长等特点。

推广效果

本产品在山东、陕西、河南、甘肃、新疆、内蒙古及东北三省等多个地区长期推广应用。2018—2020 年，连续 3 年应用于马铃薯重茬种植，显示本产品中的微生物对土壤酸碱度的改良具有重要作用，同时全年重茬病害减轻 60%，且平均亩增产 800kg 以上。

典范产品3：复合微生物肥料

剂型	技术指标	登记证号
颗粒	有效活菌数≥0.2亿/g；N+P$_2$O$_5$+K$_2$O=25%；有机质≥20.0%	微生物肥（2017）准字（2381）号
颗粒	有效活菌数≥0.2亿/g；N+P$_2$O$_5$+K$_2$O=18%；有机质≥20.0%	微生物肥（2013）准字（1224）号
颗粒	有效活菌数≥0.2亿/g；N+P$_2$O$_5$+K$_2$O=12%；有机质≥40.0%	微生物肥（2018）准字（5711）号

产品特点

本产品是根据作物营养生理学和根际土壤微生态学原理研制、生产的集微生物、无机、有机和微量元素于一体的高效复合微生物肥料，可替代复合肥使用。有效改良土壤，培肥地力，趋避地下害虫，促进作物根系生长，使植株健壮，提高作物品质和产量。

推广效果

本产品在大连樱桃、寿光蔬菜、新疆大豆、内蒙古与山东马铃薯、海南芒果、河南西瓜、金乡大蒜、洛川苹果、吉林水稻及各种中药材上经过了长期大面积使用，取得了显著的效果。2018—2019 年，在果树、蔬菜及大田作物上使用本产品替代复合肥为基肥，平均增产率为 35%，优质农产品比例提升至 80% ~ 90%，试验证明本品有明显的增产提质效果。

联系人	陈圆	联系电话	13969466221
传　真	010-69565635	电子邮箱	2691382132@qq.com
通信地址	北京市海淀区中关村南大街12号中国农业科学院科海福林大厦	网　址	www.cnznfy.com

新洋丰农业科技股份有限公司

　　新洋丰农业科技股份有限公司是深交所主板上市公司（证券代码：000902），主营业务为磷复肥、新型肥料的研发、生产和销售，以及为现代农业产业提供解决方案。截至 2020 年 6 月底，公司总资产超 106 亿元，员工近 7 000 人，是国家级高新技术企业、全国磷复肥龙头企业、中国石油和化工民营企业百强、中国民营企业 500 强、中国制造业 500 强。

　　公司始建于 1982 年，总部位于湖北荆门和北京，依托母公司洋丰集团 5 亿 t 磷矿资源和全国十大生产基地，形成了具有年产各类高浓度磷复肥逾 800 万 t 的生产能力和 320 万 t 低品位磷矿洗选能力。

典范产品1：复合微生物肥料

产品特点

百倍邦®系列采用农业农村部作物专用肥料重点实验室最新专利技术生产的含海藻提取物的硝基高塔复合肥料。重点研究优化氮、磷、钾养分与镁、锌、硼等中微量元素科学配伍，应用生物增效技术克服作物生长逆境环境，突破肥料与生

物增效剂集成工艺，成功开发了百倍邦海藻硝硫基复合肥、水稻专用肥、小麦专用肥、茶叶专用肥、油菜专用肥等近 14 种功能性肥料，可有效提高作物养分利用效率，增加作物对逆境的抵抗能力，提高作物产量与品质。

推广效果

　　至今百倍邦®功能性复合肥累计销售20万t，推广面积达到250万亩，在柑橘、苹果、叶菜、果菜及水稻、小麦上表现效果突出，促活根系，达到节肥、增效、增产、提质、绿色发展的目的。

典范产品2：洋丰优雅 复合肥料

剂型	技术指标	登记证号
颗粒	总养分≥45%；N：P_2O_5：K_2O=15：15：15；硫酸钾型、含硝态氮	鄂农肥（2017）准字3295号
颗粒	总养分≥43%；N：P_2O_5：K_2O=14：5：24；硫酸钾型、含硝态氮	鄂农肥（2017）准字3295号
颗粒	总养分≥40%；N：P_2O_5：K_2O=21：11：8；硫酸钾型、含硝态氮	鄂农肥（2017）准字3295号

产品特点

本产品是依托 MAX-IFIC 国家肥料创新中心、农业农村部作物重点实验室，根据我国区域作物、土壤养分需求，充分考虑了气候、降水等自然条件对土壤养分释放的影响，结合农业生产土壤酸化、盐渍化、逆境胁迫等痛点，开发而成的对标国际一流的肥料产品。

产品采用 E-Tech（全营养，好吸收，不缺素）、3R-Tech（生物能，抗逆境，提品质）两大国际核心技术，关键原材料进口，严格监控每一项材料及工艺指标，营养全面，中微同补，持续供给速效＋缓效的大中微量元素，养分协同增效，提高作物抗逆性。

典范产品3：复合微生物肥料

剂型	技术指标	登记证号
颗粒	总养分≥40%； N：P_2O_5：K_2O=18：10：15和N：P_2O_5：K_2O=14：16：5； 有效活菌数≥0.2亿/g；缩二脲≤0.9%；pH5～8	鄂农肥（2017）准字3295号

产品特点

洋丰硫聚焦于硫基、硝硫基产品开发，主要适用于高附加值的经济作物，其显著特点是"四合一"，充分发挥技术特长，巧妙地将氮磷钾元素与矿源黄腐酸等高效生物助剂、中微量元素、农用益生菌（活性菌株≥2 000 万/g）等结合在一起，坚决摒弃了当时行业惯用的植物生长调节剂（激素），重金属等各种有毒有害物质含量均达到《肥料分级及要求》生态级肥料质量标准。这款产品可有效地补充作物生长所需养分，促进作物生长，同时对土壤起到改良作用，有效改善作物根部生长环境，缓解重茬危害，实现减肥增效、增产增收的目的。

联系人	武良	联系电话	3520318061
传　真	010-56961603	电子邮箱	wuliang@xinyf.com
通信地址	北京市丰台区南四环西路188号16区17号楼	网　址	www.yonfer.com

天津坤禾生物科技集团股份有限公司

天津坤禾生物科技集团股份有限公司成立于 2015 年，总部位于天津滨海新区。属于国家级高新技术企业。公司以恢复农业生态、再造健康农产品为己任，运用国家"863"课题、国家科技进步二等奖、河北省科技进步一等奖等一批行业内领先技术成果及自有专利和非专利技术，以独特的行业理念和制菌、制肥工艺，致力于研发、生产和推广农用高品质微生物菌肥和腐熟蛋白生物有机肥。

公司获得国家知识产权局专利 91 项、商标 24 个，通过了质量管理体系认证、环境管理体系认证、知识产权管理认证、信用体系认证等。目前公司取得了农业农村部核发的 35 个肥料登记证。公司拥有上、中、下游全链条产品的先进制造能力，技术和规模在国内首屈一指。目前公司核心工厂具备几十个品种年产 1 万 t 的植保、动保、环保用功能菌工业级原料以及多个系列年产 4 万 t 的复配高效农用微生物菌剂、可溶性复合微生物肥的制造能力；下属 4 个有机肥生产基地具备年产 20 万 t 高品质生物有机肥、土壤生物修复剂等产品的制造能力，生产的系列农用微生物肥料产品，能够满足生态种植全过程所需的生物肥料需求。

公司出品的系列农用微生物肥料产品所使用的腐熟菌群及功能菌群，均系核心工厂采取自主技术，独有配方自行生产。"用自产的菌种，造优质的菌肥"，全链条制造能力才能够持续保障产品品质优良，功效稳定。

典范产品1：复合微生物肥料

剂型	技术指标	登记证号
粉剂	有效活菌数≥20.0亿/g； N+P$_2$O$_5$+K$_2$O=25%；有机质≥20%	微生物肥（2018）准字（5936）号
颗粒	有效活菌数≥20.0亿/g； N+P$_2$O$_5$+K$_2$O=16%	微生物肥（2018）准字（5935）号

产品特点

1. 本产品采用自主研发扩繁的枯草芽孢杆菌、解淀粉芽孢杆菌、胶冻样类芽孢杆菌等高效植物益生菌株科学复配，运用国家"863"科研课题创新技术，产品不腐败、不胀气，常温储存微生物活性更稳定。

2. 富含产黏多糖、保水蓄肥、活化硅钙镁磷的功能菌，有效活菌数 ≥ 20.0 亿 /g；同时含有能被作物高效吸收的长效有机态氮磷钾和速效无机态氮磷钾养分，氮磷钾总含量16%（N：P$_2$O$_5$：K$_2$O=3.5：10：2.5）。

推广效果

本产品通过在草莓、樱桃、菜花、黄瓜、甜瓜等水果和蔬菜等作物上的大面积应用，普遍反映其在坐果率、果实商品率、外观、甜度、果实口感及防治土传病害等方面具有明显效果。

典范产品2：微生物菌剂

剂型	技术指标	登记证号
粉剂	有效活菌数≥50亿/g；含枯草芽孢杆菌、胶冻样类芽孢杆菌、解淀粉芽孢杆菌	微生物肥（2018）准字（4848）号
粉剂	有效活菌数≥100亿/g；含枯草芽孢杆菌、胶冻样类芽孢杆菌、解淀粉芽孢杆菌	微生物肥（2018）准字（4321）号
液体	有效活菌数≥50亿/mL；含枯草芽孢杆菌、胶冻样类芽孢杆菌、解淀粉芽孢杆菌	微生物肥（2018）准字（4861）号
液体	有效活菌数≥100亿/mL；含枯草芽孢杆菌、胶冻样类芽孢杆菌、解淀粉芽孢杆菌	微生物肥（2018）准字（4322）号
液体	有效活菌数≥500亿/mL；含枯草芽孢杆菌、胶冻样类芽孢杆菌、解淀粉芽孢杆菌	微生物肥（2018）准字（4323）号

产品特点

1. 内含多种大量植物有益菌，施入土壤后快速繁殖，能改善作物根际土壤的微生物菌群结构，通过拮抗、占位、食物链竞争等方式，提高作物对逆境的抵抗力，抑制病菌，减少死棵，健壮秧苗。

2. 能有效改善微生态环境，分解释放土壤中有机质和矿物质的大、中、微量元素，预防和减少植物生理性缺素症的发生，补充土壤养分，有效提高肥料利用率，提升农产品产量和品质。

推广效果

产品通过在柑橘、苹果、葡萄等果树和各种蔬菜、姜等作物上的大面积应用，普遍反映其在提高作物产量、改善农产品品质及防治土传病害方面具有明显效果。适用于水肥一体化，农民施肥更方便。

联系人	郑战	联系电话	15822551160
传　真	022-25212605	电子邮箱	348290852@qq.com
通信地址	天津市滨海高新区海洋园区厦门路2938号	网　址	www.kunhesengwu.com

上海联业农业科技有限公司

上海联业农业科技有限公司成立于 2005 年，是一家高科技民营企业，以"引领中国绿色有机农业、建设节能环保生态家园"为企业的核心理念，立足于"土壤地力提升"和"水肥一体化"两大农业领域，专注于"节能环保、安全高效"的新型农资产品的研发、生产和销售。公司发展迅速，在全国已建立了 14 个分公司及办事处，开发了拥有自主知识产权的"谷霖"牌微生物腐秆剂、生物有机肥、复合微生物肥料、根瘤菌剂和"易普朗"系列土壤调理剂、全水溶性肥料、喷滴灌设备等近百种高效农资产品。公司秉承"联合创业、服务三农"的经营宗旨，得到了政府、行业及市场的充分肯定和褒奖。目前公司拥有 2 项发明专利、44 项实用新型及外观设计专利、7 项软件著作权。

典范产品1：复合微生物肥料

剂型	技术指标	登记证号
颗粒	有效活菌数≥0.2亿/g； N+P$_2$O$_5$+K$_2$O=15%；有机质≥20%	微生物肥（2012）准字（0889）号
		微生物肥（2012）准字（0890）号
粉剂	有效活菌数≥0.2亿/g； N+P$_2$O$_5$+K$_2$O=15%；有机质≥20%	微生物肥（2017）准字（2213）号
液体	有效活菌数≥0.5亿/mL； N+P$_2$O$_5$+K$_2$O=15%	微生物肥（2017）准字（2229）号

产品特点

本产品含有多种复合有益微生物，可抑制土壤杂菌、植物病原细菌、真菌、病毒、线虫的生长；含有丰富的腐植酸、氨基酸及氮磷钾大量营养元素，改良土壤，促进作物快速生长，刺激根系发育，增强根系对养分的吸收利用；增强作物抗寒、抗旱及抵抗病虫害的能力，提升产量和品质。

推广效果

本产品在山东、广东、广西、江西、云南及上海地区的脐橙、苹果、葡萄、三七、大葱、猕猴桃等作物上进行大面积应用。普遍反映其在提高作物产量、改善农产品品质及防治土传病害方面具有明显效果。

典范产品2：生物有机肥

剂型	技术指标	登记证号
颗粒	有效活菌数≥0.2亿/g；有机质≥40%	微生物肥（2013）准字（1010）号
		微生物肥（2013）准字（1009）号
颗粒	有效活菌数≥0.2亿/g；有机质≥40%	微生物肥（2013）准字（0876）号
粉剂	有效活菌数≥0.2亿/g；有机质≥60%	微生物肥（2008）准字（0477）号
粉剂	有效活菌数≥10亿/g；有机质≥40%	微生物肥（2018）准字（6492）号

产品特点

　　本产品富含多种有益微生物，有机物含量高，能有效抑制病菌生长繁殖，营造良好的土壤微生态环境，促进团粒结构形成，增强保水保肥能力。微生物在生命活动中会产生多种代谢产物，刺激根系生长发育，增强养分吸收能力。

推广效果

　　本产品在上海、山东、陕西、江西、广西等地进行了大面积推广应用，在果树、蔬菜等经济作物上表现出了良好的效果，得到用户的赞许。

典范产品3：微生物菌剂

剂型	技术指标	登记证号
液体	有效活菌数≥5.0亿/mL	微生物肥（2018）准字（2980）号
粉剂	有效活菌数≥5.0亿/g	微生物肥（2018）准字（2978）号

产品特点

　　本产品由多种微生物优化组合而成，用于各种固体有机废弃物的有机肥生产和无害化处理；能使禽畜粪便等物料快速升温、发酵腐熟、除臭、除害；不仅直接提供植物营养，还会减少土传病害的发生，刺激植物的生理活性和生长，提高农产品的产量和品质。

推广效果

　　本产品在山东、江西、上海、云南、江苏各地备受经销商和农户的好评。

联系人	林百全	联系电话	13764798479
传　真	021-52841256	电子邮箱	linbq@lianysh.com
通信地址	上海市宝山区环镇南路858弄复地中环天地12号楼12楼	网　址	www.lianyesh.com

上海绿乐生物科技有限公司

上海绿乐生物科技有限公司是上海市高新技术企业，主要从事农田土壤生态修复和新型肥料的研究开发和推广应用。公司自成立以来承担了省部级多个技术研发和转化推广项目30余项，2018年公司与上海交通大学联合申报并荣获上海市科技进步奖一等奖。

公司获得授权国家发明专利32项，并通过了企业知识产权管理规范管理体系认证，是上海市专利试点和示范企业。目前公司有近40个产品取得了农业农村部的生产登记证。

公司积极进行技术创新和产品研发，多方面参与全国各地的土壤修复和服务三农的项目，更好地为我国生态农业建设和安全农产品的生产服务，并已在耕地保护与质量提升等多项政府采购项目中中标，在业内颇具影响力。

典范产品1：复合微生物肥料

剂型	技术指标	登记证号
颗粒	有效活菌数≥0.2亿/g；	微生物肥（2011）准字（0741）号
粉剂	$N+P_2O_5+K_2O$=15%；有机质≥20%	微生物肥（2008）准字（0461）号
粉剂	有效活菌数≥0.2亿/g；$N+P_2O_5+K_2O$=15%；有机质≥20%	微生物肥（2007）准字（0368）号
颗粒	有效活菌数≥0.2亿/g；	微生物肥（2011）准字（0831）号
粉剂	$N+P_2O_5+K_2O$=15%；有机质≥20%	微生物肥（2011）准字（0830）号

产品特点

本产品以生防性土壤有益微生物为核心，再配以优质有机质、大量元素和中微量元素复合而成，可补充土壤养分，防止营养失衡；增加土壤有益微生物数量，抑制土传病害；提升土壤有机质含量，增加土壤肥力。本产品同时含有微生物、氮磷钾和有机质，使用方便简单。

推广效果

本产品在上海市菜园土壤修复项目中得到了大面积推广，也是公司传统渠道销售的主要产品，在脐橙、苹果、葡萄等果树和各种蔬菜作物上大面积应用。普遍反映其在提高作物产量、改善农产品品质及防治土传病害方面具有明显效果。

典范产品2：有机肥

剂型	技术指标	登记证号
粉剂	有效活菌数≥0.2亿/g；有机质≥40%	微生物肥（2010）准字（0670）号
颗粒	有效活菌数≥0.2亿/g；有机质≥40%	微生物肥（2011）准字（0738）号

产品特点

本产品由生防性复合微生物菌剂与优质的小分子有机原料进行复合，其中的有机质为微生物在土壤中大量繁殖提供碳源，微生物反过来又可促进有机营养物质的转化，能有效增加土壤中有机质的含量，改善土壤微生态环境，提高土壤肥力。

推广效果

本产品在上海、山东、陕西、江西、广西等地进行了大面积推广应用，在果树、蔬菜等经济作物上表现出了良好的效果。

典范产品3：微生物菌剂

剂型	技术指标	登记证号
液体	有效活菌数≥2亿/mL	微生物肥（2015）准字（1672）号

产品特点

本产品是由生防性微生物菌株枯草芽孢杆菌和营养促生菌株胶质芽孢杆菌复合而成，施用于土壤后通过大量繁殖有效抑制有害微生物的生长，减少土传病害的发生，同时可改善土壤微生态环境，促进作物根系生长。

推广效果

本产品获得上海市农业农村委员会兴农项目支持，上海市6家区县经过两年半的试验示范和推广应用，累计推广2.8万亩。试验证明：使用该产品在蔬菜减肥10%的基础上，平均单果重增加12.3%，糖度提高9.4%，产量提高11.7%，肥料利用率提高11.37%；在减药50%的情况下，草莓炭疽病、白粉病和灰霉病，以及番茄灰霉病的防效达到95%。

联系人	阚雨晨	联系电话	18918632927
传　真	021-54351581	电子邮箱	dierleky@126.com
通信地址	上海市闵行区金都路4299号6号楼6307室	网　址	www.dierle.com.cn

上海悦威生物科技有限公司（汕头分公司）

上海悦威生物科技有限公司总部位于上海市金山区国家化工园区，并于 2019 年成立了广东汕头分公司。公司专业从事植物营养新型肥料产品的研发、生产、销售和技术服务。公司携手华中农业大学、华南农业大学、福建农林大学等国内优秀院校，组成强大研发技术服务团队，所有产品均严格按照 ISO 9001 质量要求和技术标准进行生产、检验、出厂。

公司创办至今，产品获得市场和行业广泛认可。2013 年，悦威靓叶、悦威富根等产品被誉为全国农民合作社优选肥料产品；2014 年，公司正式被录入上海市绿叶蔬菜专用肥料品种推荐名录并获得优秀肥料企业称号，公司产品悦威稻丰、悦威穗满荣获农业生产基地优选指定产品称号。

公司响应国家号召，积极进行技术创新和产品研发，注重技术服务，多方面参与全国各地土壤修复和服务三农的项目，为我国生态农业建设和安全农产品的生产服务。公司多年在耕地保护与质量提升等政府采购项目中中标，在业内具有良好的口碑和影响力。

典范产品1：悦威富根含腐植酸水溶肥料

剂型	技术指标	登记证号
水剂	腐植酸≥40g/L； N+P$_2$O$_5$+K$_2$O≥200g/L	农肥（2014）准字3913号

产品特点

本产品富含高活性矿物源腐植酸、黄腐酸及大微量营养元素，能有效调节土壤团粒结构，改善作物根系生长环境，促进作物根系发育，提苗壮苗，增强作物抗逆能力。

推广效果

本产品在上海、福建、广东、广西等地进行了大面积推广应用，屡次获得上海等地政府采购订单。在青椒、柑橘、番石榴、青枣、草莓、苦瓜等经济作物产量及品质提高方面具有良好的效果。

典范产品2：生物有机肥料

剂型	技术指标	登记证号
粉剂	有效活菌数≥0.2亿/g；有机质≥40%	微生物肥（2018）准字（6294）号
颗粒	有效活菌数≥0.2亿/g；有机质≥40%	微生物肥（2018）准字（6295）号

产品特点

本产品以枯草芽孢、地衣芽孢杆菌等土壤有益微生物为核心，再复配充分腐熟蘑菇渣、豆粕、麸皮等优质植物源有机质。富含大、中、微量营养元素，具有培肥地力、补充土壤养分、防止营养失衡、增加土壤有益微生物、抑制土传病害、提升土壤有机质含量等特点。

推广效果

本产品在上海市菜园土壤修复项目中得到了大面积推广，多次获得政府采购中标标的。该产品也是公司传统渠道销售的主打产品之一，通过在脐橙、蜜柚、苹果、葡萄、西瓜、甘薯，以及多种蔬菜等作物上的大面积应用，普遍反映其在提高作物产量、改善农产品品质方面效果突出。同时产品使用方便，一肥多效，投效比例高。

典范产品3：微量元素水溶肥料

剂型	技术指标	登记证号
粉剂	Fe+Mn+Zn+B+Mo≥10.0%	农肥（2014）准字3911号

产品特点

本产品采用微量元素螯合、复配等工艺精制而成，养分种类多、含量高。能有效解决作物元素缺乏引起的黄叶、小叶、花叶、畸形果、花而不实等生理缺素症状。

推广效果

悦威靓叶2013年被中国农科教推组织誉为全国农民合作社优选肥料产品，并多次成为市政府采购品种，也是公司主打的叶面营养产品，目前在广东、福建、广西、上海、江西等地得到大面积的推广使用，针对作物涉及面广，效果显著。

联系人	谭龙	联系电话	13400962220
传　　真	021-59176927	电子邮箱	tanlongdragon@163.com
通信地址	广东省汕头市澄海区溪南镇仙市工业区神仙园片东侧	网　　址	www.yueweish.com

河北萌帮水溶肥料股份有限公司

河北萌帮水溶肥料股份有限公司成立于 2009 年 5 月，注册资金 3 798 万元，占地面积 70 余亩，位于河北省赵县新寨店工业园区。公司主营业务为水溶性肥料的研发、生产与销售。公司是河北省高新技术企业，依托企业建有河北省企业技术中心、河北省商务厅水溶肥料出口公共技术研发平台、A 级企业研发中心（河北省工信厅认定）；先后通过了 ISO 9001 国际质量管理体系认证、ISO 14001 环境安全体系认证、OHSAS 18001 职业健康安全体系认证，三大类产品获得了欧盟 REACH 认证。建有年产 10 万 t 水溶性肥料生产线，产品销往国内重要的蔬菜、果树及经济作物区，深受广大种植户的喜爱；并已自营出口至韩国、日本、美国、缅甸、印度、以色列、约旦、埃及、南非、突尼斯、巴西等 50 余个国家。

典范产品1：大量元素水溶肥料

剂型	技术指标	登记证号
粉剂	$N+P_2O_5+K_2O \geqslant 50.0\%$	农肥（2014）准字3463号
水剂	$N+P_2O_5+K_2O \geqslant 500g/L$	农肥（2018）准字10502号

产品特点

产品以尿素、磷酸一铵、硝酸钾、磷酸二氢钾等为主原料，配以铜、铁、锌、锰、硼、钼等微量元素及海藻多糖、小分子有机酸等功能化合物复合而成。产品符合《大量元素水溶肥料》（NY/T 1107—2020）的各项技术指标要求，技术水平处于国内领先水平。

产品类型多，可满足植物不同的生长时期对各种营养元素的需求；硝态氮和铵态氮的均衡供应，易于作物根系吸收和转运及维持土壤稳定性；磷源为多聚磷酸盐、正磷酸盐组合物，有效避免和缓解土壤对磷元素的固定；富含海藻多糖、小分子有机酸等功能化合物，有效避免元素间的拮抗，利于营养元素的吸收与转运。

产品在提供作物生长所必需营养元素的同时，具备改善土壤、提高肥料利用率的功效；结合水肥一体化技术可达到省水、省肥、省工和提高作物质量、产量的效果。

典范产品2：中量元素水溶肥料

剂型	技术指标	登记证号
颗粒	Ca+Mg≥10.0%	农肥（2015）准字4580号

产品特点

本产品是一种富含钙、镁中量元素的水溶肥料，产品质量符合《中量元素水溶肥料》（NY 2266—2012）中量元素水溶肥料标准的各项技术指标，技术水平处于国内领先水平。全溶于水，钙、镁同补，有效弥补了单一钙肥的不足；以糖醇、氨基酸复合助剂为载体，钙的吸收、利用率显著提高；中微量元素有机结合，避免了元素间的拮抗；钙、镁营养元素在载体化作用下，植株体内转运速度提高了30%，肥效显著。

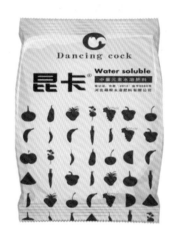

典范产品3：含腐植酸水溶肥料

剂型	技术指标	登记证号
水剂	腐植酸≥40g/L；N+P$_2$O$_5$+K$_2$O≥200g/L	农肥（2014）准字3488号

产品特点

本产品是以适合植物生长所需比例的矿物源腐植酸为主要原料，添加适量氮、磷、钾大量元素而制成的液体水溶肥料。产品质量符合《含腐植酸水溶肥料》（NY 1106—2010）的各项技术指标，技术水平处于国内领先水平。

本产品具有促进作物根系生长、改良土壤、增加养分、加强土壤微生物活动的功效；可促进土壤团粒结构形成，优化土壤理化性质，降低土壤盐分含量，缓解使用化肥过量造成的土壤盐渍化。

联系人	韩丽芳	联系电话	15803318255
传　真	0311-85370179	电子邮箱	monband@monband.com
通信地址	石家庄市赵县新寨店工业园皇冠路68号	网　址	www.monband.com

赛元河北生物技术有限公司

赛元河北生物技术有限公司成立于2013年，位于河北省武强县东孙庄镇国家农业示范园区，注册资金3 000万元，是蒙牛乳业富源衡水万头奶牛高端牧场粪污处理第三方运营单位、畜禽粪污无害化处理和资源化利用的科技型企业，占地面积220亩。拥有生物有机肥生产车间1.6万m²，液态肥生产车间6 000m²，AO污水处理系统1.8万m³，办公、科研、培训用房9 600m²。有机肥、生物有机肥、微生物菌剂等系列产品年生产能力20万t。公司是河北省扶贫龙头企业、河北省中小型科技企业、衡水市农业产业化重点龙头企业、"一带一路项目"中国商业企业会员单位、河北省蔬菜行业联合总社副会长单位、河北省农业产业协会副会长单位、中国新型肥料100强企业、中国有机（生态）肥料品牌10强。2019年通过ISO 9001质量管理体系认证和有机农业生产资料评估认证。

赛元河北生物技术有限公司是河北农业大学教学科研生产三结合基地，与河北农业大学、华中农业大学建立了稳固的校企合作关系，与北京市农业科学院、天津市农业科学院、河北省农业科学院联合开展技术研发工作。2017年国家重点研发计划项目"黄淮海集约化养殖面源和重金属污染防治技术示范项目"在公司顺利实施并取得了显著成效。新技术、高起点，领先的核心技术为生产高质量、高品质肥料奠定了基础。

"赛元"商标有机肥、生物有机肥、微生物菌剂，主料源于蒙牛乳业富源衡水万头奶牛高端牧场，原料品质稳定、数量恒定，有机质含量高达70%以上并且无激素和重金属残留。采用牛粪水洗工艺技术，牛粪原料经3次发酵，彻底腐熟，可以迅速松软土壤、提升果蔬品质、有效抵御虫害，是有机农业种植最理想的优质肥料。

先进的工艺、科学的管理、精准的配料、全程的检测保障了公司产品的高质量、高品质。"用赛元，菜更绿、果更甜"被广大菜农、果农传为佳话。"用心做好每粒肥"是赛元人不懈的追求。

典范产品：含腐植酸水溶肥料

剂型	技术指标	登记证号
粉剂	有效活菌数≥2.0亿/g； 有机质≥55.0%	微生物肥（2019）准字（6556）号
颗粒	有效活菌数≥2.0亿/g； 有机质≥55.0%	微生物肥（2020）准字（7963）号
粉剂	有效活菌数≥0.20亿/g； 有机质≥40.0%	微生物肥（2019）准字（6557）号

产品特点

本产品采用三次深度发酵工艺，并添加固氮、解磷、解钾、促生等功能微生物菌及生物驱虫成分，微生物与有机载体有机融合，具有作物增产、果实品质改善及土壤改良作用。

有机物料通过生物技术充分腐熟发酵，灭除虫卵、草籽、病原菌等有害物质，有机质活性强，并富含优质的腐植酸、氨基酸等营养成分。

含有高活性有益微生物菌，具有促生促长与抗病抗逆多重功效，对植物烂根、沤根及重茬有预防作用。

加入作物所必需的钙、硫、铁、硼、锌等中微量元素，以及氨基酸和稀土元素，有效调节土壤元素平衡，肥效高，营养更全面。

特别添加生物驱虫成分，对地上及地下害虫有强烈的驱避和控防作用。

推广效果

在瓜果、蔬菜、药材、薯类、花卉、茶叶、烟草等作物上使用，效果显著。

联系人	李忠敏	联系电话	13393182289
传　真	0318-5132166	电子邮箱	saiynsw@126.com
通信地址	河北省武强县孙庄赛元河北生物技术有限公司	网　址	www.saiynsw.com

河北闰沃生物技术有限公司

河北闰沃生物技术有限公司成立于 2013 年，位于河北省廊坊市，占地面积 4 万 m²。作为专门从事新型肥料研发、生产与销售的高新技术企业，公司是河北省微生物肥料产业技术研究院理事单位、河北省科技型企业、廊坊市农业产业化重点龙头企业、河北农业大学新型肥料产业科技创新示范基地，承担了国家科技支撑课题"设施蔬菜养分管理与高效施肥技术研究与示范"的研发任务，联合河北农业大学、中国农业大学、沈阳农业大学、河北省农林科学院、北京市农林科学院、天津市农业科学院等科研院校一大批专家教授，组成安全高效施肥创新团队。公司现已通过 ISO 9001 质量管理体系认证，以及有机认证、欧盟认证。

主要产品有微生物菌剂、生物有机肥、复合微生物肥料、含腐植酸氨基酸水溶肥等系列产品，并取得科技成果 4 项、国家专利 1 项，获得河北省农业技术推广一等奖 1 项、河北省山区创业奖 1 项，生产农业农村部登记、备案肥料产品 18 个。

典范产品1：大量元素水溶肥

产品特点

本产品氮磷钾含量总和 ≥ 50%，并均衡植物所需的多种中量和微量元素配比，完全能满足农业生产者对高质量、高稳定度产品的需求。微量元素以螯合态的形式存在于产品中，可完全被作物有效吸收。可用于底施、冲施、滴灌、叶面喷施等，能够真正实现水肥一体化，达到节水、节肥，省工、提效之目的。产品还含有土壤和作物所需要的有机活化因子，能改良土壤，提高土壤的保肥、保水能力，使土壤的抗逆性大大增强。

推广效果

本产品安全环保，适用于各种蔬菜、花卉、果树、茶叶、棉花、烟草等作物及草坪。销售区域包括海南、云南、广西、浙江、湖南、山东、山西、河北、吉林、辽宁、黑龙江、内蒙古、新疆等地。

典范产品2：含腐植酸水溶肥料

产品特点

本产品腐植酸含量 ≥ 30g/L，富含优质矿源黄腐酸。抗硬水、不絮凝，养根、壮根，抗旱、抗寒，提品质。多种促根活性物质科学配比，诱导植株强力生根，可快速恢复及增强根系活力，促进爆发式生根，促生新根、健壮老根，促使作物根系发达、根群壮大。

本产品富含 200g/L 以上的氮磷钾总养分，可迅速满足作物对氮磷钾等大量元素的需求，并且本品可以络合土壤中的元素离子，增强作物吸肥和传导能力，促进营养吸收，壮根保叶、减少黄化；调酸、调碱、压盐，改善土壤物理性状，缓解板结，增强保水保肥能力；增强光合作用，增强长势，使花多果丰，增加产量、提高品质；缓解多种药害、肥害，提高作物抗逆能力，预防早衰。

典范产品3：海藻酸螯合微量元素

【农业农村部备案号】WLSRHEB2020—00889

【技术指标】Cu+Fe+Mn+Zn+B+Mo ≥ 10%；海藻酸 ≥ 20%

产品特点

本产品是以海藻提取物为有机载体与微量元素复配螯合而成的新型海洋生物水溶肥料。海藻酸含有多种对农作物有价值的化合物，如维生素、类脂、酶、多糖、细胞激动素、赤霉素、多酚、无机盐等，能改良土壤营养条件，改善土壤结构，增加土壤透气性，保水保肥，维护植物根群生长环境；促进根系发育，提高根系活力；提高植物体内多种酶的活性和叶绿素含量，使新陈代谢旺盛，光合作用加强，糖分和干物质增多，从而提高果实的产量和质量等。

推广效果

本产品可滴灌、冲施及叶面喷施，经 20 多个省市地区推广应用，在果树、果蔬、西甜瓜、茶叶、大田作物、根茎植物、中药植物、大树移栽的应用场景表现出显著的效果。

联系人	杨学	联系电话	18033687983
传　　真	无	电子邮箱	1745381032@qq.com
通信地址	河北省廊坊市安次区东麻各庄村	网　　址	www.hbrunwo.com

沧州奇宝农业科技发展有限公司

沧州奇宝农业科技发展有限公司成立于1998年10月，是与台商合资注册，经河北省人民政府批准、国家农业农村部备案，集生物菌剂与农业肥料新技术研发、生产、销售、农技综合服务保障为一体的科技型合资企业。公司成立20多年来，先后获国家专利技术发明博览会金奖，以及河北省重点推广产品和中国质量信用AAA级企业、河北省放心农资企业等荣誉称号，通过ISO 9001国际质量管理体系认证，入选河北省肥料协会第一届理事单位。公司产品有"金收诚"系列大量元素水溶肥料、"钛醇"系列中量元素水溶肥料、"植绿丰"系列微量元素水溶肥料、"金钛宝"系列含氨基酸水溶肥料、"根果魁"系列含腐植酸水溶肥料、"润"系列助剂等6个大类30多个品种，产品行销国内20多个省区市。近年来，公司加大技术革新和产品研发力度，稳步推进小区试验、对比试验，力求更好更有效地服务于国家生态农业建设和安全农产品生产。

典范产品1："植绿丰"系列含微量元素水溶肥料

剂型	技术指标	登记证号
粉剂	B+Mn+Zn+Fe+Cu+Mo≥10%	农肥（2008）准字1173号
液体	B+Mn+Zn+Fe+Cu+Mo≥100g/L	农肥（2004）准字0319号

产品特点

本系列产品能够快速补充和均衡植物体内各种营养元素，加速植物内部微循环和细胞代谢；促进早熟，使果色艳亮表光好，极大提高优果率；有效增强作物抗逆性，使植株健壮、根深叶茂、光合作用强、养分积累多；明显提高植株抗病能力和对高温、低温、干旱、高湿的抵抗力。

推广效果

瓜果类作物施用后，幼果膨大快，果正均匀无畸形，果形、着色有明显改善，单果重增加，口感更好，营养成分如维生素C、水溶性糖和微量元素含量明显提高。活化土壤，改善土壤团粒结构，提高土壤保水保肥能力。促进植物根系发达，健壮生长，保花坐果，对生理性病害和缺素引起的症害效果明显。根据作物品种、施用时期剂量及地区不同，可使作物提早成熟2～15天，给农民带来的效益比单纯增产更高。多年来，通过云南、陕西、四川、河北等地验证推广使用，在果树、蔬菜等高价值经济作物上效果良好、增产增效明显。

典范产品2："金钛宝"系列含氨基酸水溶肥料

剂型	技术指标	登记证号
粉剂	氨基酸≥10%；B+Mn+Zn≥2.0%	农肥（2017）准字6823号
液体	氨基酸≥100g/L；B+Mn+Zn≥20g/L	农肥（2017）准字6824号

产品特点

本系列产品能够强化植物生理生化功能，提高细胞活力，使茎秆粗壮、叶片增厚、功能期延长；调节作物体内酸碱平衡，增强光合作用，扩大叶面积，增多叶绿素，加快体内干物质形成和积累；具有内源激素作用，缩短生长周期，促进作物及早成熟上市；改善土壤理化性状，提高土壤保水保肥和透气性能。瓜果大、色泽好、糖分增加，可食部分多，耐贮性好；蔬菜适口性好，味道纯正鲜美，粗纤维少；花卉花期长，花色鲜艳，香气浓郁。

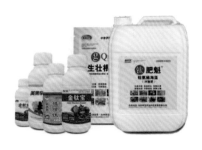

推广效果

经过河北沧州、陕西渭南、山东烟台、云南红河等地田间试验验证和推广应用，累计施用面积 20 万亩，农民经济效益显著。

典范产品3："根果魁"系列含腐植酸水溶肥料

剂型	技术指标	登记证号
粉剂	腐植酸≥3.0%；N+P_2O_5+K_2O≥20%	农肥（2017）准字6825号
液体	腐植酸≥30g/L；N+P_2O_5+K_2O≥200g/L	农肥（2018）准字7075号

产品特点

本系列产品由矿物黄腐酸、矿物腐植酸、海藻、蛋白等制成。含有多种活性基团，有效增强作物体内过氧化氢酶、多酚氧化酶等活性，刺激植物生理代谢。促进光合作用，有效增加叶绿素含量，加速养分运转和吸收。改良土壤，促进团粒结构形成，增加土壤中有机质含量，调节土壤酸碱度，固氮、解磷、活化钾，有效改善土壤通气透水、抗旱抗寒状况。使种子早发芽，出苗率高；幼苗发根快，根系发达，扎根深，毛细根增多，低温下能正常生长。促进花芽分化、保花保果，

果实膨大、坐果率高。促进茎、枝叶健壮繁茂，使果实含糖量高、果面亮，果实硬度增加，减轻裂果，不软果。

联系人	王云	联系电话	13811685330
传　　真	0317-438129	电子邮箱	wywltr@sina.com
通信地址	河北省沧州市青县陈嘴乡吴辛庄村	网　　址	www.qibaoagri.com

承德沃土有机肥料有限公司

承德沃土有机肥料有限公司总体占地约 4 万 m²，总建筑面积 9 424m²，新建颗粒车间、粉剂车间、库房、腐熟隧道、科研办公楼、职工宿舍等；建设腐熟堆场、雨污池等构筑物 18 400m²，新购置自动脱水机、分拣配料机、建堆机、裂管式滚筒干燥机、科研及化验仪器、自卸运输车等生产及配套设备 66 台（套）。具备年处理利用农牧业废弃物 20 万 m³，生产高品质腐熟蛋白生物有机肥 6 万 t 的制造能力。

公司作为坤禾集团旗下腐熟蛋白生物有机肥的生产基地，为市场持续稳定提供高品质生物有机肥料；公司生产的腐熟蛋白生物有机肥、发酵型土壤生物修复剂，以及适用于水肥一体化的高含量液态微生物菌剂、液态微生物水溶肥、粉剂微生物水溶肥等系列高技术肥料产品，基本可覆盖农作物健康种植的全过程施肥，满足农作物生长过程对大量和中量元素营养的需要。系列产品已在国内的各类经济作物及大田种植作物主产区推广应用，能够明显减少病害、防治根腐、健壮植株、提高产量、改善农产品品质和口感，并持续修复改良土壤、培肥地力，功效优异，成为化肥农药双减、提高食品安全性的理想生物肥料产品。

坤禾集团出品的系列农用微生物肥料产品所使用的腐熟菌群及功能菌群，均是核心工厂采取自主技术，独有配方自行生产。"用自产的菌种，造优质的菌肥"全链条制造能力才能够持续保障产品品质优良，功效稳定。

典范产品：生物有机肥

剂型	技术指标	登记证号
颗粒	有效活菌数≥1亿/g；有机质≥40%；含枯草芽孢杆菌、胶冻样类芽孢杆菌	微生物肥（2018）准字（4234）号
粉剂	有效活菌数≥1亿/g；有机质≥40%；含枯草芽孢杆菌、胶冻样类芽孢杆菌	微生物肥（2018）准字（5345）号
颗粒	有效活菌数≥10亿/g；有机质≥40%；含枯草芽孢杆菌、胶冻样类芽孢杆菌	微生物肥（2018）准字（7776）号
粉剂	有效活菌数≥10亿/g；有机质≥40%；含枯草芽孢杆菌、胶冻样类芽孢杆菌	微生物肥（2018）准字（7775）号

产品特点

产品运用国家科技支撑计划课题的创新技术，采用专用菌种和先进的厌氧好氧双轮发酵技术，实现原材料充分腐熟和有机养分提升，产品中富含植物益生菌和腐熟菌蛋白、腐殖质、腐植酸等腐殖质态有机碳、氮、磷、钾、钙、镁等养分。

内含大量有益菌，施入根际土壤后迅速繁殖，抑制常见镰刀菌、丝核菌、轮枝菌等植物病原真菌的生长，改善作物根际土壤的微生物菌群结构，提高作物对根腐、枯萎、黄萎等土传病害的抵抗能力，减少病害的发生。

推广效果

本产品在广西砂糖橘、陕西苹果、山东葡萄等果树和各种蔬菜等作物上进行了大面积应用，普遍反映其在提高作物产量、改善农产品品质及防治土传病害方面具有明显效果。

联系人	郑战	联系电话	15822551160
传　真	022-25212605	电子邮箱	348290852@qq.com
通信地址	天津市滨海高新区海洋园区厦门路2938号	网　址	www.kunheshengwu.com

根力多生物科技股份有限公司

根力多生物科技股份有限公司成立于 2005 年 10 月 25 日，是集微生物肥料、有机无机复混肥料、水溶肥料及土壤调理剂研发、生产、销售、服务为一体的综合性股份制企业，2014 年新三板上市。年生产能力达百万吨，2019 年实现销售额 5 亿多元。

公司建有河北省生物肥料技术创新中心、企业技术中心、河北省植物营养与生物肥料创制重点实验室、河北省科技专家企业工作站等高端研发平台。共承担国家级、省级研发和科技成果转化项目 20 多项，获得省科技进步奖 1 项、市科技进步奖 3 项；授权国家发明专利 4 项、外观设计发明专利 1 项、实用新型专利 29 项，申请受理发明专利 14 项；获省、市政府质量奖、河北省"巨人计划"创新创业团队、河北省创业功臣等多项荣誉。

典范产品1：复合微生物肥料

剂型	技术指标	登记证号
颗粒	有效活菌数≥0.2亿/g； N+P$_2$O$_5$+K$_2$O=8%；有机质≥20%	微生物肥（2016）准字（1982）号
颗粒	有效活菌数≥0.2亿/g； N+P$_2$O$_5$+K$_2$O=25%；有机质≥20%	微生物肥（2018）准字（4964）号

产品特点

本产品把无机营养元素、有机质、微生物菌有机结合于一体，体现无机化学肥料、有机化学肥料和微生物肥料的综合效果，是化解土壤板结现象、修复和调理土壤、提高化学肥料利用率、减少土壤污染、减少病虫害发生、增强作物的抗逆能力、提高农作物果实品质和产量的好肥料。可直接增加土壤中功能微生物、腐植酸及多种大中量元素等养分。使土壤理化性状得到改善，保水保肥。明显提高作物抗土传病害能力，尤其是抗死苗、烂棵能力突出，增产提质效果显著。适于重茬、盐碱地块和保护地冬季使用。

推广效果

本产品在河北、新疆、江苏、内蒙古等地得到了大面积推广。在蔬菜、果树、药材及棉花等作物上的大面积应用表现出了良好的效果。

典范产品2：生物有机肥

剂型	技术指标	登记证号
粉剂	有效活菌数≥0.2亿/g；有机质≥65%	微生物肥（2018）准字（6066）号
颗粒	有效活菌数≥0.2亿/g；有机质≥60%	微生物肥（2018）准字（4965）号
粉剂	有效活菌数≥0.2亿/g；有机质≥40%	微生物肥（2018）准字（3253）号
颗粒	有效活菌数≥0.2亿/g；有机质≥40%	微生物肥（2017）准字（2076）号

产品特点

本产品是以蘑菇渣为原料，用棉粕、动物肉骨粉补充氮源，降低堆肥 C/N 比，经微生物发酵、除臭和完全腐熟无害化处理复合而成的一种新型、绿色、环保型生物有机肥料，绿色无公害。可提高农产品产量和品质；在改良土壤结构、打破土壤板结的同时，还对提高土壤的保水保肥能力、提升土壤微生物的活力、提高土壤养分性作用突出。

推广效果

本产品在河北威县、任县、隆尧县、邢台县、内丘县，新疆库尔勒市，江苏盐城市，黑龙江等地进行了大面积推广应用。在小麦、棉花、果树、蔬菜等作物上表现出了良好的效果。

典范产品3：微生物菌剂

剂型	技术指标	登记证号
液体	有效活菌数≥2亿/mL	微生物肥（2018）准字（2627）号
粉剂	有效活菌数≥2亿/g	微生物肥（2016）准字（1943）号
液体	有效活菌数≥10亿/mL	微生物肥（2020）准字（8256）号

产品特点

本产品是由生防性微生物菌株枯草芽孢杆菌、营养促生菌株胶质芽孢杆菌和促生功能的光合细菌复合而成。长期使用本产品可以抑制土壤中多种病原菌，并能壮苗促长及提高作物的抗逆性和抑制病害能力。连续使用本品，可减轻土壤板结、土壤盐碱和重金属危害，减少环境污染。

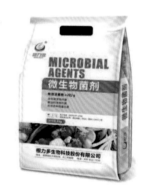

推广效果

本产品在河北、河南、内蒙古、广西等地进行了大面积推广应用，主要推广作物有小麦、玉米、瓜果、棉花、甜菜等。

联系人	石垚	联系电话	19568385200
传　真	0319-6118813	电子邮箱	845125657@qq.com
通信地址	河北省邢台市威县世纪北大街579号	网　址	www.genliduo.com

河北木美土里科技有限公司

　　河北木美土里科技有限公司是木美土里企业集团下的以科学研究为主的子公司，集团于2005年开始从事微生物肥料的研究及销售工作，与河北农业大学、山东农业大学、西北农林科技大学、烟台市果树科学研究所等科研机构都有密切合作，并取得了众多科技成果。

　　公司将科学研究放在企业的第一发展位置，聘请高校的专家老师，形成强大的顾问团队，招聘高尖技术人才，提高自身的科研素质，先后提出多个科研项目，并安排专业团队开展工作，目前已取得了显著的成果，为公司提供了强有力的技术支持。公司在优化科研软件的同时也建设了完善的硬件基础，现公司持有科学精密仪器上百件，建设中试车间2个，已基本达到研发机构实验室标准，满足了集团对本行业的研发需求。

典范产品1：生物有机肥

剂型	技术指标	登记证号
粉剂	有效活菌数≥0.20亿/g； 有机质≥40.0%	微生物肥（2018）准字（3530）号

产品特点

　　1. 采用优质微生物菌种，以天然有机物质为主要成分，经过长期腐熟发酵，形成腐殖质化有机质，获得多种有益微生物的代谢产物；富含菌体蛋白、大量生物酶、促生长素，可以直接被作物根系吸收利用。

　　2. 增加土壤有益微生物菌，改良土壤结构，促进土壤团粒结构的形成，缓解土壤盐碱、盐渍化，消除板结，调酸降碱。

　　3. 腐殖质化有机质，有效吸附化肥水溶液，减少流失、淋失；同时有益微生物将土中难溶性的磷、钾分解为水溶性磷、钾，释放土中更多养分，极大提高化肥利用率。

　　4. 促进作物根系生长，平衡作物营养生长与生殖生长，植株健壮，作物不徒长；有益微生物在根际形成优势菌群，均衡土壤环境。

　　5. 产生多种促生长类代谢物，促进植物根深叶茂、开花坐果、果实成熟。

典范产品2：微生物菌剂

剂型	技术指标	登记证号
粉剂	有效活菌数≥2.0亿/g	微生物肥（2018）准字（6505）号

产品特点

本产品含有的解淀粉芽孢杆菌是公司自主筛选的一种多功能的高效菌株，可以分泌抗菌物质，产生拮抗作用，与病原菌进行营养与空间竞争，诱导植株产生抗性和分泌促生长因子等。

1. 施入土壤后益生菌迅速繁殖扩大，形成优势菌种，对土壤中有害菌群起到抑制和杀灭的作用，大大减轻因真菌病原菌引起的土传病害的发生。

2. 富含的益生菌可以改良盐碱、盐渍化土壤，有效减少其对作物的危害。

3. 与化肥配合使用可以提高化肥利用率，保水保肥。

4. 与农家肥配合使用作底肥，可以有效提高农家肥肥效。

5. 提高种子发芽率、促生根，使作物长势好。

典范产品3：微生物菌剂

剂型	技术指标	登记证号
液体	有效活菌数≥2亿/mL	微生物肥（2018）准字（3523）号

产品特点

1. 本品富含微生物代谢产物，能迅速激活土壤生命力，创建和修复土壤的自然代谢机能。

2. 施入后迅速补给土壤营养，土壤益生菌群可以快速繁殖，形成团粒结构，缓解土壤板结、土壤盐渍化情况，达到活化土壤的目的。

3. 含有多种氨基酸、黄腐酸、微量元素、矿物质，使用后可以达到低温生根、老根再生的效果，使作物根系发达、茎部粗壮有韧性，叶片鲜艳自然，果实口味好，增产提质。

联系人	王灵敏	联系电话	18712899718
传　真	0335-8585708	电子邮箱	mmtl70@163.com
通信地址	河北秦皇岛开发区松花江西道3号	网　址	www.cnmmtl.com

领先生物农业股份有限公司

领先生物农业股份有限公司成立于 1999 年，是一家主要从事农业领域节能环保型生物制品研发、生产和经营的高新技术企业。

公司始终秉承"自主创新"的发展理念，开创了国内领先的豆科根瘤菌剂产业化工艺、微生物发酵聚谷氨酸生产工艺、控释肥生产工艺和国内首创、国际先进的农用甲基溴生物替代技术等多项具有自主知识产权的技术，在我国首次实现豆科根瘤菌剂产业化，成功开发生物固氮菌剂、生物解硅菌剂、抗病型生物菌剂、聚谷氨酸类生物肥料、海洋生物肥料、生物有机肥、新型控释肥料、功能性水溶肥料等系列节能环保型产品，已形成年产万吨微生物菌剂、千吨海洋生物提取产品、万吨新型控释肥料以及万吨水溶肥料产品的生产规模，正逐渐成为我国规模化农用肥料制品的产业基地。

典范产品1："土康元"荧光假单胞菌微生物菌剂

剂型	技术指标	登记证号
液体	有效活菌数≥5.0亿/mL	微生物肥（2013）准字（0992）号

产品特点

本产品所用的荧光假单胞菌是国家专利菌种，经过多次菌株筛选，采用先进的微生物发酵工艺加工而成，可通过"四大作用机理"抑制土传病菌繁殖，减轻其危害，改善作物根际微生态环境，提高作物产量和品质，是高效、无毒、无污染的肥药双效产品。

1.土中快速繁殖，补充有益菌群。

2.作用于根部，改良土壤微环境。

3.控制重茬病害，缓解死棵、烂苗。

4.有效菌分泌激素，促进植物生长。

5.纯生物培养，无毒、无污染，是环境友好型产品。

使用方法

拌种、叶面喷施、蘸根、冲施、滴灌。

典范产品2："康帝"生物有机肥

剂型	技术指标	登记证号
颗粒	有效活菌数≥0.2亿/g；有机质≥40%	微生物肥（2015）准字（1681）号

产品特点

本产品由有益微生物菌和优质有机发酵物通过特殊吸附工艺加工生产而成。具有激活土壤磷、钾、硅等元素，促进根系养分吸收，改良土壤，促进根系发育，增加土壤有机质等功能和作用，同时还具有优化土壤有益微生物菌群结构、抑制病原菌繁殖、激发和提高作物抗病和抗逆境能力等作用，改善作物品质，提高作物产量。

典范产品3：微生物菌剂

剂型	技术指标	登记证号
颗粒	有效活菌数≥0.2亿/g；$N+P_2O_5+K_2O=10.0\%$；有机质≥30.0%	微生物肥（2018）准字（3523）号

产品特点

本产品基于微生态学和植物营养学的理论，按照平衡施肥技术和肥料配方技术的要求，综合了生物肥料、无机肥料和有机肥料的特点，能增加土壤有益微生物的有效复合，其先进的制造工艺、多元化的产品设计和独特的应用效果达到了优质与高产、用地与养地的最佳结合，具有无污染、无公害、肥效持久、促进植物生长、提高产量、改善农产品品质的优点。

联系人	高春阳	联系电话	18633568980
传　真	0335-8500880	电子邮箱	gao.chunyang@leadst.cn
通信地址	河北省秦皇岛市秦皇西大街78-1号	网　址	www.leadst.cn

石家庄农信生物科技集团有限公司

石家庄农信生物科技集团有限公司成立于2010年3月，是一家集配方研发、制剂加工、包装制造、农药销售、农技服务等为一体的现代化综合农资企业，拥有农药制剂登记证100多个及知名商标200多个，主要有杀虫剂、杀菌剂、除草剂、助剂、冲施肥、液体肥料等系列产品，能够为全球种植者提供科学、高效的种植解决方案，助力全球种植者增产增收，保障农业生产安全发展，探索现代农业的和谐发展之路。

公司专注于"做农民需要的药，做环保的药，指导农民用药"，致力于"打造中国农业第一品牌"，在迅猛发展的历程中不断总结与创新，秉承"制造稳定可靠、传播稳定可靠"的事业理念，指导企业的一切经营活动，让企业永葆健康发展的活力与魅力。

典范产品1：液体缓释氮肥

剂型	技术指标	登记证号
水剂	黄腐酸≥150g/L； N+P$_2$O$_5$+K$_2$O≥200g/L	农肥（2018）准字10075号

产品特点

1. 氮元素的利用率从35%提高到80%左右，利用率提高了2~3倍。

2. 有缓释和稳定的优点，肥效持续释放时间45~60天。可以帮助农业生产实现减量和增效的目的。

3. 高浓度液体缓释氮肥既可以作为单质氮肥直接使用，又可以作为复合肥企业配方肥料的基础原料。作为氮源提供者，复配到各种配方肥料中，有极高的应用价值。

4. 该液体缓释氮肥除了提供氮元素营养还可提供有机质，具有刺激生长和改良土壤的作用，长期使用可以有效解决大量使用固体复合肥导致土壤盐分升高的问题。

5. 保湿技术的应用，可以保证叶面喷施时高效安全。

6. 安全性能高，可解决使用尿素造成的单一盐害这一历史性难题，让作物自由吸收。

7. 价格优势极具竞争力，成本仅为国外同类产品的1/10。

典范产品2：植物免疫剂

剂型	技术指标	登记证号
水剂	黄腐酸≥200g/L；壳寡糖≥12.5g/L；N+P₂O₅+K₂O≥200g/L	农肥（2018）准字10075号

产品特点

本产品是基于国际提出的最先进的植物保护理论——植物免疫诱抗技术和酶解生物刺激素理论，并结合公司黄腐酸技术和创造重叠效用，开发出的功能强大的组合式生物刺激素。从提升植物本身免疫力出发，改善超量使用化肥和农药的现状，可解决病虫害严重不好打、难防治的痛点。

生物刺激素能刺激作物生长，使用生物刺激素可以非常明显地提高农产品品质和产量，解决农产品品质差、不好卖的难题。

长期合理使用生物刺激素，可以有效恢复土壤有益菌群，重建土壤生态，恢复土壤活力，解决土壤酸化、板结、盐渍化严重、作物施肥不长的问题。可以有效防止因多年大量使用化肥和未腐熟的农家肥导致的作物黄化、死苗烂根、根结线虫等问题。

联系人	赵晓丽	联系电话	15373949215
传　真	0311-80933552	电子邮箱	541208713@qq.com
通信地址	石家庄裕华区建设南大街69号师大科技园A座2012室	网　址	www.nongxinjituan.com

山西华鑫肥业股份有限公司

山西华鑫肥业股份有限公司隶属于山西华鑫煤焦化实业集团，是山西省重点工程项目。坐落于"中国钙都"交城县，交通运输十分便捷。公司作为行业内拥有从主要基础原材料到终端产品的完整产业链的企业，是全国首家利用集团公司焦炉煤气资源优势全产业链生产硝基复合肥的一家新型现代化大型循环环保企业，也是交城县众多企业生产钙盐产品最大的原料供应商，是硝基肥发展"交城模式"下的龙头企业。公司于 2015 年 7 月实现一次性开车成功，2016 年全线投产运营。年产合成氨 18 万 t、硝酸 30 万 t、硝酸铵钙 20 万 t、硝酸镁 10 万 t、聚合生态硝基肥 60 万 t。公司聚焦生态农业，领航作物高产，助力农业增效、农民增收，专注"养 + 护"生态硝基肥的生产，目前推出的华鑫双劲、丰收小超、鑫聚力 3 个系列产品已得到了渠道和用户的信赖。

典范产品1：高效生态高分子硝基复合肥

产品特点

本产品拥有"四种肥料"的功能和效果，即"四位一体"功能肥料。

一位（无机肥料）：含有优质的硝态氮。采用高塔聚熔造粒工艺，产品水溶性更好，吸收利用率比其他类型的肥料更高，65kg 本产品等同普通产品相同配比 110kg 的效果。

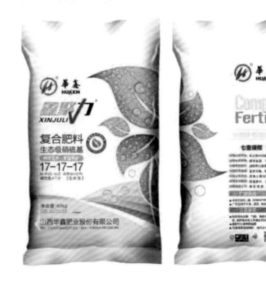

二位（有机肥料）：专利技术中"硅聚酶"是含可溶性小分子有机碳的精品有机质，松土养地效果显著。

三位（微生物肥料）：产品加入有益菌的最终代谢物蛋白酶，可以疏松土壤，改良根际微环境，创造有利于有益菌快速生长、繁殖的环境，调节有益菌与有害菌比例，具有超出生物菌肥的作用。

四位（中微量元素）：产品中含水溶性中微量元素，硫、钙、镁、硼等总量达到 4% ~ 15%（不同配比）。一种肥料十几种营养元素，保证作物养分供给，并避免外源中微量元素与产品产生拮抗作用，作物吸收更充分，营养更均衡。

典范产品2：丰收小超系列硝硫基产品

产品特点

本产品弥补了传统铵态氮肥的弊端，可以直接或间接促进钾、钙、镁及其他中微量元素吸收，释放被固定的营养元素，营养更均衡、让作物吸收更充分，解决作物裂果、瓜打顶、新梢停长等问题，实现大幅度的增产提质。产品突出的效果表现，受到老百姓的青睐，被形象地誉为"丰收小超人"产品。

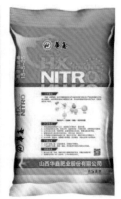

典范产品3：三效硝基复合肥

产品特点

本产品适用于玉米、蔬菜、花卉等多种作物的底肥或追肥。

本产品可达到三效并行。

1. 生态长效。本产品含有聚硅基谷氨酸合成酶，在促进作物提高吸收率同时，形成的 α 长链结构能将养分有效地锁在土壤里，减少流失，确保营养供给，全程释放，对环境友好。

2. 修护土壤。本产品不含游离酸、游离氨、钠离子等有害成分，不破坏土质。所含的有机硅、谷氨酸、生物酶能改善作物根际微环境、疏松土壤、提升土地肥力。

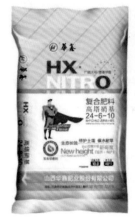
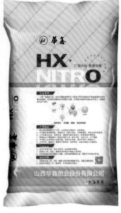

3. 保水耐旱。施用本产品后，其独特的锁链结构可在土壤中形成若干蓬松的小团粒，将水分锁在里面，涝时蓄水、旱时释放，保证作物在极端的环境中正常发育生长。

联系人	吕晓艳	联系电话	18035859100
传　　真	3553077	电子邮箱	1060586452@qq.com
通信地址	山西省吕梁市交城县	网　　址	www.sxhuaxin.cn

山西凯盛生物科技有限公司

山西凯盛生物科技有限公司，创建于 1998 年。集团成立之初，就以"探索永远，肥业先锋"为发展理念，以"高科技农资产品服务三农，促进区域农业产业化、农民新型化、农村城镇化"为服务目标；以"建时代一流企业，走质量兴厂之路，树品牌经营形象"为发展战略，通过 3 次转型跨越，现已发展成为以生物产业为主的高新技术企业，生物产品覆盖农用、饲用、医用三大产业。农用微生物菌剂以修复受损土壤、提高果品优质整体解决方案为主导；饲用以微生物制剂替代抗生素为主导；医用产品以医药、保健品原料为主导的 N- 乙酰氨基葡萄糖系列产品。

公司与国内多家科研院所通过产学研合作，先后承担国家、省市重大项目 30 余项，拥有专利 13 项、省级肥料证件 40 个、研发微生物肥料 23 个、水溶肥料 9 个。2015 年自主研发的新产品微生物菌剂"红靓"获得山西省"五小发明"一等奖，2016 年校企合作项目"利用微生物技术改善盐碱地"的综合技术被科技部认定为国内先进成果，2019 年"N- 乙酰氨基葡萄糖"技术研发获得山西省"五小"竞赛二等奖。

针对当前化肥、农药过量使用带来的诸多土壤问题，公司主动担当起"修复土壤，呵护大地母亲健康"的历史重任，利用生物技术为受损土壤提供整体解决方案。公司利用"互联网 + 农业"掌上 App 服务新模式服务千村万户农民，通过"做给农民看、带着农民干、帮着农民赚"接地气式的服务理念实现新时代农村美、农业强、农民富的乡村新局面。

经过 20 多年的拼搏奋斗，公司注册商标"探路先锋"于 2012 年被认定为中国驰名商标；公司先后荣获山西省农业产业化重点龙头企业、山西省优秀民营企业、农业农村部测土配方施肥定点企业、全国助残扶残先进集体、全国工人先锋号等多项荣誉。

典范产品1：生物有机肥料

剂型	技术指标	登记证号
颗粒	有效活菌数≥0.2亿/g； 有机质≥40%	微生物肥（2013）准字（1120）号
粉剂	有效活菌数≥0.2亿/g； 有机质≥40%	微生物肥（2013）准字（1108）号

产品特点

本产品属于生态环保农业投入品，是企业自主知识产权的专利产品（专利号：ZL201410496612.4。专利名称：一种生物有机肥的生产方法）。本产品原材基质料取自植物残体和食用菌菌渣，采用生物无害化处理技术和堆肥发酵技术生产而成，在生产过程中利用 5 项实用新型专利设备进行生产制备。通过农业技术推广部门的示范试验证明，本产品具有提升地力、改善农副产品品质的作用。2020 年 4 月 13 日，本产品第三次被认定为有机生产资料评估证明产品（证明号：CBFT-PGZM-0007）。2020 年本产品被农业农村部农产品质量安全中心评定为全国生态环保优质农业投入品。

推广效果

本产品在山西、陕西等地的苹果区进行了大面积推广应用。施用后，能明显改善作物品质，尤其是苹果糖含量和维生素含量增加 10% 以上。

典范产品2：复合微生物肥料

剂型	技术指标	登记证号
颗粒	有效活菌数≥0.2亿/g；N+P_2O_5+K_2O=25%；有机质≥20%	微生物肥（2017）准字（2090）号

产品特点

本产品特点性菌株在代谢过程中产生玉米素（天然植物调节剂），能增强作物抗病、抗逆能力，促进作物根系生长，提升肥料利用率，防治土传病害，改良土壤结构，改善作物品质。该产品于 2017 年被山西省总工会授予二等奖。

推广效果

本产品在山东、陕西、云南、河南、山西等多地进行了大面积推广，广泛用于小麦、水稻、苹果、蔬菜等各种作物，具有明显的增产效果。施用本产品后，大田作物增产 10% 以上，经济作物增产 15% 以上。

联系人	胡军	联系电话	15388591528
传　真	0359-6368166	电子邮箱	623553046@qq.com
通信地址	山西省运城市盐湖工业园区复旦东街1号	网　址	www.kaisheng.com.cn

黑龙江护苗农业科技开发有限公司

黑龙江护苗农业科技开发有限公司始建于2006年8月，是一家集研发、生产、推广、销售、咨询、服务为一体的高科技综合型肥料企业。公司凭借专业的管理团队、雄厚的科研实力、先进的生产检测设备、强大的营销团队，成功研发了新一代的壮秧剂、调酸剂、生根剂、送嫁肥等产品并成功推广。从2013年公司正式组建营销团队至今，40多位农业技术推广人员一直服务在一线的田间地头。目前，公司的水稻系列产品在业内和在农户的使用中取得了良好的口碑，护苗公司一直在为农户的增产丰收保驾护航。

典范产品1：含氨基酸水溶肥料

剂型	技术指标	登记证号
水剂	氨基酸≥100g/L； Zn≥20g/L	农肥（2017）准字6804号

产品特点

本产品采用国际领先的高新生物技术，内含游离氨基酸及微量元素。具有增加作物营养，促进作物生长，改善作物品质，提高作物产量，增强作物抗病、抗寒、抗旱能力，保花保果，解除药害等作用。

推广效果

本产品在东北地区得到大面积的推广使用，针对作物涉及面广，效果显著。

典范产品2：护苗壮秧剂

剂型	技术指标	登记证号
粉剂	N+P₂O₅+K₂O≥15%； 锌≥0.2%；pH≤6	黑农肥（2016）准字4238号

产品特点

本产品是针对寒地水稻生态特点而量身定做的高科技产品，具有增肥、调酸、壮秧等功能，完全满足水稻秧苗生长发育期对各种营养元素的需求，肥效好、不脱肥，使秧苗壮、不徒长，是水稻旱育苗床培育壮秧的理想产品。

推广效果

本产品在东北地区寒地水稻苗床大面积推广应用，普遍反映其在壮苗、防病等方面效果优于市场同类产品，特别是在盐碱地育苗效果显著，得到广大种植户好评。

联系人	李敏	联系电话	18845423883
传　真	0454-8556868	电子邮箱	lm@humiaokeji.com
通信地址	黑龙江省佳木斯市郊区友谊路520号	网　址	www.humiaokeji.com

江苏地力有机肥料科技有限公司

江苏地力有机肥料科技有限公司位于江苏省扬州市江都区吴桥工业园内,是一家从事微生物有机肥、有机肥、蚯蚓制品、土壤改良与整理、污泥处理等产品专业生产的公司。公司拥有一流的技术科研中心和完善的质量管理体系,一期项目主要是畜禽粪便、秸秆等农业废弃物处理。一期建成后具备每年处理畜禽粪便 10 万 t 左右、作物秸秆 30 万 m³ 的能力,可转化生产高效生物有机肥 12 万 m³ 左右,能解决公司所在区及周边县所有奶牛场的废弃物,起到保护环境的作用,把困扰政府和农民的废物变废为宝,实现了农业废弃物的循环利用。这不仅促进了当地的经济建设发展,而且保护了环境,缓解了秸秆处理及畜禽粪便恶臭的问题,为当地政府和农民"排忧解难"。达到了经济发展和环境保护的共赢,真正形成农业生态大循环。

典范产品1: 蚯蚓粪有机肥

产品特点

蚯蚓粪有机肥是一种黑色、均一、有自然泥土味的细碎状物质,具有很好的孔性、通气性、排水性和高的持水量。微小的颗粒状还能帮助增加土壤与空气接触面积,因此它们同土壤混合后可使土壤不再板结和坚硬。蚯蚓粪有机肥因有很大的表面积,使许多有益微生物得以生存,并具有吸收和保持营养物质的能力。许多有机废弃物,尤其是畜禽粪便,一般呈碱性,而大多数植物喜好的生长介质偏酸(pH 为 6 ~ 6.5)。蚯蚓取食和消化的过程,使有机废弃物的 pH 降低,趋于中性。蚯蚓粪有机肥富含细菌、放线菌和真菌,这些微生物不仅使复杂物质矿化为植物易于吸收的有效物质,而且还合成一系列有生物活性的物质,如糖、氨基酸、维生素等,这些物质的产生使蚯蚓粪有机肥具有许多特殊性质。

典范产品2：蚯蚓粪土壤改良剂

产品特点

研究证明，蚯蚓粪的有机质含量在 40% 左右，经蚯蚓消化后的有机质颗粒细小，更容易被蔬菜吸收利用，同时还能大大降低因使用发酵腐熟不完全的有机肥而造成的危害。同时，蚯蚓消化后的蚯蚓粪中有益菌含量达 20 万～ 2 亿个 /g，它能将有机物微生物和蔬菜生长合理结合起来，改善土壤环境。蚯蚓粪的颗粒均匀、保水透气能力比一般土壤高 3 倍，可以加速土壤团粒结构的形成，从根本上解决土壤板结问题，提高土壤通透性和保水性保肥力，利于微生物的繁殖，使土壤储存养分的能力增强，更有利于蔬菜根系对养分的吸收利用。

典范产品3：蚯蚓粪有机无机复混肥

产品特点

普通有机肥因未完全发酵，存在施用后二次发酵而导致烧苗的问题，而且有异味，甚至是异臭，而蚯蚓粪不存在这个问题。普通有机肥未把各种养分全部转化成简单、易溶于水的简单物质，不易被植物吸收，而蚯蚓粪极易被植物吸收。蚯蚓粪是团粒结构，保水性、排水性强，长期使用不会被分散压密，这是普通有机肥无法办到的。蚯蚓粪有机肥富含腐植酸和大量的有益微生物菌，还有 18 种氨基酸和多种微量元素，这些在普通有机肥中含量较少。蚯蚓粪有机肥中含拮抗微生物，可抑制土传病害，而普通有机肥不存在有这种微生物。根

据不同蚯蚓粪有机肥的检测数据合理添加一些化肥、有益生物菌，形成有机无机复混肥，在促进植物生长、提高产量、抑制植物病害和改良土壤肥力等各方面均有重要作用。

联系人	陆静	联系电话	18114198701
传　真	0514-80360831	电子邮箱	582865008@qq.com
通信地址	江苏省扬州市江都区吴桥工业园	网　址	www.jsheli.net

江苏省好徕斯肥业有限公司

江苏省好徕斯肥业有限公司,是我国著名上市公司康缘集团为进军农化产业投资建设的,成立于2007年,项目总投资2 513万元。现有固定资产1 180万元,流动资金1 000万元。公司占地面积100亩,建有3栋封闭式太阳能发酵大棚、8 000m²晒场、6 000m²半成品加工车间及3 000m²的生产车间。现有高级管理人员6名,有从事土壤及植物营养类方面的专家教授和技术骨干10余人。2009年公司被评为连云港市农业产业化龙头企业,是江苏省第一批有机肥战略联盟企业。先后通过了ISO 9001质量管理体系认证和有机认证,并连续两年被评为农资质量信得过企业。目前年消化中药材提取废渣6万t,畜禽粪便、作物秸秆等农业有机废弃物2万t;年可生产有机肥、有机无机复混肥10万t;现已投入生产的年产2万t有机肥、生物有机肥生产线1条,年产8万t有机无机复混肥生产线1条。产品包括有机肥、生物有机肥、有机无机复混肥、精制有机肥、配方肥等10多个系列,销往苏北、山东、安徽、河南、新疆等地,目前是苏北最大的有机肥料生产基地之一。

典范产品1:生物有机肥料

本产品是南京农业大学研制的专门针对作物生长调节与抗土传病害的新型生物肥料,采用特种功能微生物菌种与牛肉膏、蛋白胨、菜粕酶解氨基酸二次固体发酵制成,具有抑制农作物重茬引起的土传枯萎病、青枯病、黄萎病等土传病害,降低死棵率,促进根系生长,刺激白毛细根产生,提高根系活力,促进根茎膨大,调理土壤微生物群落,增加产量,改良产品品质与风味,提高肥料利用率等作用,是无公害高产高效栽培的首选产品。

产品特点

1. 提高作物的抗病和抗逆能力,对土传病害的防治有突出效果。能有效抑制一般农作物上常见的枯萎病、根腐病、黄萎病等土传病害,最大限度地减轻土传病害的发生,同时对根结线虫、芽线虫等草莓上常见虫害有特殊的抑制功能。能够快速分泌植物生长激素,固氮、解钾、解磷,降低连作重茬障碍,促进早熟,提高品质。

2. 活化养分、营养全面。转化无效养分,加速吸收再利用,提高肥力,延长肥效,减少化肥用量,对预防因植物缺少中、微量元素造成的生理性病害有特效。

3. 改善土壤环境。富含有益微生物,不间断使用,可改善土壤微生态环境,消除土壤板结、中和酸碱、降低土壤重金属和盐碱毒害。

4. 增根、发苗、壮秧。强力促进增根、生根，使壮根、毛细根数量增加一倍以上。使植株吸水、吸肥能力加强，茎粗、苗壮、移栽缓苗快。

5. 施用该生物肥料，能抑制障碍土壤中土传病原微生物的生长，有利于土壤中有益微生物群体的恢复；通过微生物的生命活动（固氮、解磷和分解有机质等）改善农作物的营养条件。

典范产品2：有机肥料

本产品是利用中药渣、氨基酸等优质有机物料在活性微生物的作用下充分高温发酵腐熟而成的，内含土壤激活剂和活性有机质及中药提取物，是康缘集团推出的整合药和肥两种功能为一体的新型专用肥料。本产品具有改善土壤理化性状、活化土壤养分、提高作物品质等特点。逐年施用利于增加土壤有机质含量，减少土地成本投入，是生产各种无公害农产品的首选肥料。

产品特点

1. 主要有机原材料是经过蒸煮提取再充分高温腐熟的中药渣。中药渣富含有机质、糖类和蛋白等中微量元素营养物质，而且不含病菌，可以改良成一种极为安全的、无公害的优质有机肥原材料，所以该产品原材料来源稳定，无毒无害无重金属和农药残留，保障农作物生长的安全性。

2. 能改善土壤理化性质和生物学性质，具有改良土壤、培育肥力功能。抑制土壤有害菌的繁殖，对作物的病理性死苗有显著的防治效果。

3. 有活化土壤养分的功效。添加有机质，通过化学和生物化学作用，活化土壤中自有的氮、磷、钾及硅、锰、锌、硼等养分。肥料富含有机质及微量元素，能增强土壤中微生物活性，调节土壤 pH，改善土壤结构，活化土壤养分，提高土壤肥力，增加作物单产。

联系人	杨庆斌	联系电话	15061309108
传　真	0518-85102735	电子邮箱	623729574@qq.com
通信地址	江苏省连云港市海州区海昌南路58号	网　址	www.hlsfy.com

江苏天象生物科技有限公司

江苏天象生物科技有限公司注册资金 5 000 万元，是江苏省高新技术企业、民营科技型企业、省级农业产业化龙头企业、国家首批生态环保优质农产品投入品（肥料）生产试点单位、中国植物营养与肥料学会会员单位。

公司是集生物工程、农化服务为一体的科技型企业，主要从事微生物肥料、有机肥料、土壤调理剂及水溶肥料的研发、生产和销售业务。公司占地面积 60 亩，建筑面积约 20 000m²。公司有完善的企业法人治理和保证体系，已通过 ISO 9001 质量管理体系认证、ISO 14001 环境管理体系认证、ISO 45001 职业健康安全管理体系认证和知识产权管理体系认证。公司注重科技创新，与多所高校及科研院所建立产学研联合，现有省级农用微生物研发中心、徐州市农业微生物复合菌剂工程技术研究中心、徐州市企业技术研究中心。公司始终坚持"追求卓越，服务农业"的发展理念，有完善的售后服务网络。

典范产品1：复合微生物肥料

产品特点

本产品是新型复合微生物肥料，含有菌剂、有机肥、无机肥融合颗粒。为作物生长提供所需的多种营养元素，同时添加特定对作物有益的微生物菌群，可以固氮、解磷、解钾，使作物根系发达，提高肥料利用率，改善土壤团粒结构，增加土壤有机质含量，提升土壤肥力，调节土壤酸碱平衡，修复土壤，抑制土传病害，提高作物的品质和产量。

使用方法

基施、追施均可。

推荐亩用量：蔬菜基施 80 ～ 120kg，追施 4 ～ 12kg；粮食作物 25 ～ 50kg。也可根据实际情况适当增减用量。

典范产品2：土壤调理剂

产品特点

1. 物理吸附。土壤调理剂中功能成分经高温、纳米化等活化改性措施，大幅提高重金属物理吸附性能。

2. 表面沉淀。土壤调理剂富含碱性材料，可与土壤中重金属形成氢氧化物、碳酸盐、磷酸盐沉淀。

3. 专性吸附。土壤调理剂中的羟基、氨基、巯基等活性官能团，可专性吸附固持土壤中重金属。

4. 生理阻控。土壤调理剂中钙、镁、硅、铁等中微量元素可与重金属在植物根细胞吸收转运过程中存在竞争关系。

使用方法

轻度污染农田：150 ~ 200kg/ 亩。

中度污染农田：200 ~ 300kg/ 亩。

农田耕作前将修复产品均匀撒施于土壤表面，深翻旋耕，与耕作层土壤混合均匀后稳定 5 ~ 7 天，进行农作物种植。

典范产品3：水溶肥料

产品特点

1. 能提供作物全生长期所必需的多种营养元素。

2. 能迅速溶于水，易被作物吸收，且利用率高、肥效快。

3. 无杂质，无污染，作物使用安全、高效。

4. 省肥、省工、节水、抗病、高产。

使用方法

1. 滴灌、冲施。稀释 200 ~ 250 倍，每亩 5 ~ 10kg，7 ~ 10 天施肥 1 次。

2. 喷灌。稀释 250 ~ 300 倍，每亩 5 ~ 10kg，7 ~ 10 天施肥一次。

联系人	朱本飞	联系电话	18952102788
传　真	0516-81209595	电子邮箱	txsw6689@163.com
通信地址	江苏沛县经济开发区 汉兴路西侧、天津路南侧	网　址	www.txswkj.cn

江苏沃绿宝生物科技股份有限公司

江苏沃绿宝生物科技股份有限公司成立于 2003 年，位于江苏省宿迁市宿城经济开发区，是一家专业研发和生产有机肥料、有机无机复混肥料、育苗基质、生物有机肥、配方肥、水溶肥等系列产品的现代化国家高新技术企业、省农业产业化重点龙头企业、中国有机（类）肥料产业技术创新战略联盟企业、中国生物肥料产业技术创新战略联盟企业、江苏十大有机肥标杆企业、全国生态环保优质农业投入品（肥料）生产试点单位。

公司占地总面积 250 亩，发酵大棚总面积 64 000m^2，拥有现代化全自动生产流水线，年生产能力 20 万 t，行业地位优势明显，近年来稳居同行业前列。

公司研发产品拥有自主知识产权，荣获国际发明金奖、教育部科技进步一等奖、中国自然资源学会资源循环利用成果特等奖、全国农牧渔业丰收二等奖、江苏省农业丰收二等奖、江苏省农业技术推广二等奖。获得中国自然资源学会资源循环利用先进单位、国家质量信用 AAA 级企业、江苏省名牌产品、江苏省著名商标等荣誉称号。

典范产品1：有机肥料

【技术指标】氮磷钾 ≥ 5%；有机质 ≥ 45%

产品特点

1. 改良土壤。产品含有丰富有机质，有改良土壤结构、增强土壤疏松通气和保水保肥能力。

2. 提供养分。产品不仅含丰富有机质，还含氮磷钾等元素，是植物所需各种养分主要来源。

3. 增强土壤保肥保水能力。产品既可吸附土壤中的各种养分，又能吸附土壤中的游离水，因此，具有蓄水保肥能力。

4. 促进作物对其他营养元素吸收。有机质中的多种有机酸、腐植酸对土壤矿物质有一定的溶解能力，有利于提高营养元素有效性；同时能与一些营养元素络合，增加其有效性。

5. 促进植物生长发育。有机质可提高细胞膜透性，促进养分进入植物体，尤其对促进根系生长作用显著，显著提高植株抗病能力。

6. 提高农产品品质。有机质对农药等污染物有亲和力，可促进污染物降解，提高产品品质。

使用方法

一般作基肥使用，用量根据不同作物、不同土壤适量选用。

典范产品2：育苗基质

【技术指标】有机质≥20%；容重0.3～0.8g/cm³；pH=5.5～7.5

产品特点

本产品可用于作物育苗。产品重量轻，操作方便，安全性高，通气良好，可协调秧苗生长的水、肥、气、热矛盾，使植株发根力强，促进秧苗根系健壮生长，形成壮苗，移栽后返青发棵快，抗性强，生长健壮，有提高作物结实率和促进早熟的作用，为作物增产增效奠定基础，是作物育苗的首选产品。

使用方法

根据不同作物的育苗需要适量选用。

典范产品3：28%（20-0-8）、有机质20%有机无机复混肥料

【技术指标】有机质≥20%；氮磷钾（20：0：8）≥28%。

产品特点

产品由江苏沃绿宝生物科技股份有限公司和中国科学院南京土壤研究所联合研制，针对水稻孕穗期的需肥特点，选用优质氮肥、进口钾肥和富含氨基酸的有机物料为主要原料，配以锌、硼等微量元素，经先进生产工艺加工而成。产品配方合理，养分含量适宜，有机无机结合，肥效稳而长，可促进作物对养分平衡吸收，有效提高肥料的利用率，增强水稻后期抗倒、抗病能力，使水稻成熟期秆青籽黄、活熟到老，对提高结实率和千粒重效果显著，是水稻后期追施穗肥的首选肥料。

使用方法

作穗肥使用，一般15～20kg/亩。也可根据土壤基础肥力、施肥水平、目标产量及作物后期长势长相适当增减用量。

联系人	黄武建	联系电话	13905249909
传　　真	0527-84562556	电子邮箱	jssqwlb@163.com
通信地址	江苏省宿迁市宿城区敬业路5号	网　　址	www.sqwlb.com

厦门大道自然生物科技有限公司

厦门大道自然生物科技有限公司于 2014 年 3 月 13 日在福建省注册成立,注册资金 1 500 万元。2016 年在厦门市翔安区正式投产,年产量 7 000t,采用日本超高温好氧发酵技术及日本专利微生物对各种有机原料进行为期 45 天的发酵,精熬熟制再进行 30 天的陈化至彻底腐熟后进行打包销售。

公司持续投入研发资金及人员进行各种土壤改良的田间试验,为各类蔬菜水果种植提供长期数据跟踪。公司属于公共设施管理业,主营行业为生态保护和环境治理业,服务领域包括固体废物治理(不含须经许可审批的项目)、贸易代理、其他贸易经纪与代理、有机肥料及微生物肥料制造、其他肥料制造、生物技术推广服务、新材料技术推广服务、节能技术推广服务、其他技术推广服务、室内环境治理、其他未列明污染治理、经营各类商品和技术的进出口(不另附进出口商品目录),但国家限定公司经营或禁止进出口的商品及技术除外。2018 年获评厦门市高新企业,2020 年获评厦门市专精特新企业。

公司主要通过自主研发的生物发明专利技术,将农作物秸秆、养殖场的畜禽粪便、污水处理厂的生活污泥等废弃物变废为宝,生产出绿色、环保、生态的有机长效肥、生物有机肥、复合微生物肥料、微生物菌剂、有机物料腐熟剂等产品。公司力求进一步推进生态农业和环保产业的发展。有机肥料成品含有 16 亿 /g 的活性有益微生物,可改善土壤理化性能指标、促进土壤团粒结构形成、增强土壤通透性,对土壤的板结、酸化、盐碱化及土壤微生物缺失都有特殊的改良功效,长期使用此专利产品可培育优质土壤,生产高品质农副产品。

典范产品:育苗基质

产品特点

主要原料是食品加工厂余料(如厦门古龙食品的酱油渣、泰古双桥玉米淀粉渣,以及蔬菜批发市场的废菜叶),不采用任何工业废弃物进行配比。主要利用日本的专利微生物技术,将农作物秸秆、养殖场的畜禽粪便、污水处理厂的生活污泥等废弃物变废为宝,生产出绿色、环保、生态的产品。

联系人	王明畅	联系电话	18250760700
传　真	无	电子邮箱	519359428@qq.com
通信地址	厦门市翔安区海峡现代城H1-707	网　址	无

贵州勤农运鑫农业生物科技发展有限责任公司

贵州勤农运鑫农业生物科技发展有限责任公司前身是遵义浩源农业发展有限公司，于2013年在遵义市虾子镇创建，2017年受遵义市城市建设拆迁影响，于当年通过毕节市政府招商引资项目，由遵义市虾子镇搬迁至毕节市七星关区，正式更名为贵州勤农运鑫农业生物科技发展有限公司。公司总投资9 000万元，占地面积60亩，建筑面积约30 000m²，是一家集科研、生产、销售于一体的高科技肥料生产企业。

公司目前拥有高级工程师2人、工程师3人、技术员工10人、季节性生产工人30余人。公司现有两条自动化肥料生产线，采用自动翻料、自动曝气、自动包装的模式提高生产效率，保证平均日生产能力达300t以上，年生产能力达5万t以上。公司建立了质量、环境、职业健康体系认证，并在与贵州省产品质量检验检测院签订合作协议的基础上，在贵州大学专家团队的指导下建立了专业肥料质量化验室。近年来公司销量增长迅速，与贵州茅台集团、省内各大果业公司形成产销合作关系，使销量得到了保障。

典范产品：有机肥料

剂型	技术指标	登记证号
粉剂	氮磷钾≥5%；有机质≥45%	黔农肥（2018）准字1140号

产品特点

公司产品原材料为工业、农业下脚料和养殖业产生的废弃物等，如酒糟、菌渣、畜禽粪便，在加入的特殊微生物的作用下，经合理科学地发酵、干燥后配比而成。产品获得南京国环有机产品认证中心的农业有机投入品认证和国家市场监督总局下属单位北京中化联合认证有限公司的生态肥料认证。

推广效果

公司于2019年3月28日中标茅台集团公司的有机高粱肥采购项目，供应产品为"勤运"牌有机肥，在1个月的时间内完成20 560t的供货，并通过茅台集团的项目验收。仁怀市各高粱种植基地、仁怀市农牧局、仁怀有机高粱办公室对公司的产品质量、产品效果做出了高度的评价。

联系人	柳诚	联系电话	13407151587
传　真	0857-7116333	电子邮箱	1653156252@qq.com
通信地址	贵州省毕节市七星关区朱昌镇伍坪村	网　址	www.gzqnyx.com

南安市鸿盈天然有机肥有限公司

南安市鸿盈天然有机肥有限公司成立于2002年3月，位于福建省南安市水头镇大盈工业区，占地面积20亩，员工80人，现拥有固定资产超过2 000万元，有机肥生产线2条、水溶肥生产线3条，设计年生产能力10万t，有机肥示范种植场地达100亩。

企业严格执行《有机肥料》（NY 525—2012）标准，产品质量稳定，在多年的历次检查中各项指标均合格，拥有良好的质量信誉。产品主要利用周边丰富的天然生物质为材料，经发酵及添加作物所需营养盐配制成复合有机肥，打造的"宝大"有机复合肥系列产品已成为泉州市知名商标，2016年获得福建省第八轮省级农业产业化重点龙头企业称号。

公司诚心诚意地为农户服务，守合同、重信用，并配有技术人员指导农户科学施肥，使大量农户增产增收，得到广大用户好评。

典范产品1："宝大"通用型有机肥

产品特点

改良土壤，显著提高作物品质，延长采摘期，增加产量。

使用方法

1. 用于果树，采用沟施或播施方式。沟施方式：在树冠的滴水线处挖沟，沟深20～30cm，施肥盖土。播施方式：将有机肥播散于土壤表面，松土覆盖，施肥量为0.5～2kg/m²。

2. 用于瓜果蔬菜，采用播施底肥或穴施追肥的方式。播施底肥方式：将有机肥播散于土壤表面，而后耕作起垄，根据土壤肥力，每亩有机肥施用量300～600kg。穴施追肥方式：距作物根部12～15cm处挖穴，根据每株作物大小，穴施有机肥0.1～0.3kg。

3. 用于土壤改良，采用播施方式。将有机肥播散于土壤表面，而后翻耕整匀。根据土壤肥力状况，每亩施有机肥500～1 000kg。

典范产品2：高蛋白有机肥

产品特点

本产品采用具有国际领先水平的多种高效活性菌株，高温杀菌后，经堆料发酵、喷淋复合菌剂，富含土壤有益微生物（包括有固氮、解磷、解钾作用和促生长、抗病害功能微生物），是具有安全性、持效性的高品质生物有机肥。

本产品富含有机质，含菌量达 2 亿 ～ 13 亿 /g；并含有腐植酸、氮、磷、钾和多种微量元素，以及生根剂。经多年田间肥效对比试验证明，其拥有许多有效的微生物及腐殖质，对土壤有明显改善作用，可使因用化肥而板结的土壤得到改良，增强土壤的有机质。与同基质化肥相比，粮谷作物、果树等增产幅度 10% ～ 15%，平均为 12%；蔬菜增产幅度 15% ～ 26%，平均为 20%。

典范产品3：大量元素水溶肥

产品特点

采用四聚螯合技术、生物螯合态技术，使用以色列进口原料，以及台湾设备和技术生产而成。

1. 食品级原料，重金属含量符合欧洲标准。

2. 不含氯，所有植物都通用。

3. 四聚螯合技术提高微量元素吸收效率。

4. 3 种价态螯合铁技术（酸性铁、中性铁、碱性铁），广谱适应所有土壤。

5. 含有两种速效硼，可快速吸收。

6. 以色列进口有机钾，提高作物产量，提高水果甜度。

7. 3 种中量元素、6 种微量元素，比例合理，营养丰富。

8. 全营养，包含植物必需元素碳、氢、氧、氮、磷、钾、钙、镁、硫、铁、锰、铜、锌、硼、钼。

联系人	林培成	联系电话	0595-86932008、13850718388
传　真	0595-86931008	电子邮箱	659551557@qq.com
通信地址	福建省南安市水头镇大盈工业区	网　址	无

南京宁粮生物工程有限公司

南京宁粮生物工程有限公司是一家专业从事微生物肥料和有机（类）肥料的研发、生产、销售和服务的高新技术企业，占地200余亩，目前年生产能力达50万t。

公司与南京农业大学、江苏省农业科学院、中国科学院南京土壤研究所建立了紧密的合作关系，现已是中国有机（类）肥料产业技术创新战略联盟核心企业、江苏高校协同创新中心有机固体废弃物资源化协同单位、南京农业大学教学科研基地、江苏省农业科学院新型肥料研发中试基地、中国科学院南京土壤研究所有机肥标准化管理研究与应用示范基地、国家农业科技华东（江苏）创新中心——农业废弃物资源化工程技术研究中心中试基地。先后承担多项国家级、省部级、市级科研项目，拥有多项发明专利，并已获多项省部级、市级科技成果奖。公司被评为江苏省有机肥标杆企业，产品被评为中国有机肥十佳品牌、江苏品牌农资肥料类十佳产品、江苏省农民最喜爱的肥料品牌和南京市名牌产品。

典范产品1：复合微生物肥料

剂型	技术指标	登记证号
粉剂	有效活菌数≥0.2亿/g； N+P$_2$O$_5$+K$_2$O=10%；有机质≥20%	微生物肥（2018）准字（3590）号
粉剂	有效活菌数≥0.2亿/g； N+P$_2$O$_5$+K$_2$O=25%；有机质≥25%	微生物肥（2018）准字（3591）号

产品特点

1. 养分均衡，配方合理。无机肥、有机肥、生物肥三肥合一，集无机肥的速效、有机肥的长效、生物肥的促效三效合一，能够满足农作物营养需求，促进作物生长发育。

2. 抑制病害，增强作物抗逆性。富含多种有益微生物菌群，能有效抑制病原菌繁殖，增强作物抗性，减少农药用量，减轻环境污染。

3. 改良土壤，培肥地力。有机质含量较高，能改善作物根际环境，提高土壤保水保肥能力，提高肥料利用率。

推广效果

本产品江苏、安徽、湖南、江西等地得到了大面积推广，通过在蔬菜、果树、水稻、小麦等作物上的大面积应用表明，在提高作物产量，改善农产品品质及防治土传病害方面具有明显效果。

典范产品2：生物有机肥

剂型	技术指标	登记证号
粉剂	有效活菌数≥0.2亿/g；有机质≥55%	微生物肥（2017）准字（2073）号
颗粒	有效活菌数≥2.0亿/g；有机质≥45%	微生物肥（2018）准字（4765）号
粉剂	有效活菌数≥0.2亿/g；有机质≥40%	微生物肥（2018）准字（3226）号

产品特点

本产品采用独创的两段式发酵工艺进行生产，先对原料进行优化配比，添加专用的高温发酵复合菌剂进行发酵，其后向腐熟物料中添加功能菌菌种，进行功能菌的固体二次发酵，大大提高了产品中功能菌的含量，同时还具有良好的环境适应性，提高了产品的田间使用效果。

推广效果

本产品在江苏、安徽、湖南、江西等地得到了大面积推广，通过在果树、蔬菜、水稻、小麦等作物上的大面积应用表明，可以减轻和缓解因长期单施化肥和其他化学物质造成的土壤板结，改善土壤理化特性、疏松土壤、增加通透性、有效培肥地力、提高农产品品质。

典范产品3：微生物菌剂

剂型	技术指标	登记证号
粉剂	有效活菌数≥5亿/g	微生物肥（2018）准字（4413）号

产品特点

本产品主要由具有生防性微生物菌株的枯草芽孢杆菌组成，具有改良土壤、调理土壤微生物区系等多重功效。长期使用本产品可以抑制土壤中多种病原菌，并能壮苗促长及提高作物的抗逆性和抑制病害能力，连续使用本品，可减轻土壤板结、土壤盐碱和重金属危害，减少环境污染。

推广效果

本产品在江苏、安徽、江西、湖南、山东等地进行了大面积推广应用，主要推广作物有蔬菜、果树等，均取得了良好的增产提质效果。

联系人	赵丰	联系电话	13372029925
传　真	025-87136371	电子邮箱	njnlsw@126.com
通信地址	南京市江宁区东山泉水工业园区	网　址	www.njnlsw.cn

南京三美农业发展有限公司

南京三美农业发展有限公司是集肥料研发和生产为一体的经济实体，注册资金 2 180 万元，固定资产 4 000 万元，流动资金 3 000 万元。公司现有南京六合生产基地和宿迁泗洪生产基地 2 个生产基地。

公司肥料生产基地占地面积 50 000m²，厂房面积 20 000m²，其中发酵厂房 12 000m²、生产车间 3 000m²、成品仓库 5 000m²，自有新产品新技术试验和展示田 300 余亩。公司生产设备齐全，生产工艺先进，现有自动化生产流水线 4 条，智能化机器人 1 台，各类装载机、叉车、翻抛机、拖拉机、撒肥机、扫地清洗设备、运输车辆共计 40 多台（套）。公司技术力量雄厚，现有员工 58 人，其中研发和技术管理人员 8 人、高级职称人员 2 人、中级职称人员 3 人、初级职称人员 3 人、生产工人 50 人。

公司具备有机肥、生物有机肥、育秧基质、含氨基酸水溶肥料、微量元素水溶肥料、腐植酸水溶肥料、大量元素水溶肥料生产能力，生产设备齐全，生产工艺先进。可年产有机肥料 10 万 t，生物有机肥 5 万 t，复合微生物肥料 5 万 t，育秧基质 5 万 t，叶面肥 5 000t。

典范产品1：有机肥

本产品是用当地规模化养殖场产生的牛粪、猪粪、鸡粪、鸽粪及当地的秸秆加上高温发酵菌剂生产而成，通常经过两个阶段。

第一阶段是快速高温发酵阶段，堆料堆成高 1.4 ~ 1.6m、宽 2.6 ~ 2.8m、长 60 ~ 80m，发酵时间 20 ~ 25 天。

第二阶段是后腐熟或陈化阶段。后熟堆放 1 周左右，腐熟完成，堆料温降至 35℃，无臭味，成褐色或灰褐色。

腐熟完成后要对肥料进行粉碎过筛，通过粉碎和分级筛分，筛分好的成品有机肥再进行检验，检验合格后进行包装，最后产品入库。

产品特点

1. 含有丰富的有机质和各种养分，不仅可以为作物直接提供养分，而且可以活化土壤中的潜在养分，增强微生物活性，促进物质转化，为农作物提供全面营养。

2. 能改善土壤结构，提高土壤肥力；增强土壤的保肥供肥及缓冲能力；刺激作物生长；提高抗旱而耐涝能力。

3. 能促进土壤和化肥的矿物质养分溶解，从而有利于农作物的吸收和利用，减少化肥投入，保护农业生态环境。

典范产品2：生物有机肥

本产品是以特定功能微生物与动植物残体（如畜禽粪便、农作物秸秆等）为主要原料，经无害化处理、腐熟、复合而成的一类兼具微生物肥料和有机肥效应的肥料，含有丰富的有机质、腐植酸、氨基酸和氮、磷、钾、钙、硫、镁、锌、铜、硼、锰、铁等元素，养分全面，是农作物的"全价肥料"。

产品特点

1. 营养元素齐全，养分含量高，肥效持久，能够提高化肥利用率。

2. 完全腐熟，不烧根，不烂苗。

3. 经除臭处理，气味轻，几乎无臭。

4. 经高温腐熟，杀死了大部分病原菌和虫卵，同时添加了有益菌，改善作物根际微生物群，提高植物的抗病、抗虫、抗旱能力。

5. 能够改良土壤，疏松土壤。

6. 提高作物品质，降低硝酸盐及重金属含量。

7. 保护生态环境，保护土地资源。

8. 为有机农业提供肥源。

典范产品3：复合微生物肥料

本产品是把无机营养元素、有机质、微生物菌有机结合于一体，体现无机化学肥料、有机肥料以及微生物肥料的综合效果。

产品特点

1. 含有大量有益微生物，能分解有机残体，形成土壤腐殖质，改善土壤结构和理化性状，提高有效养分，供植物吸收利用。

2. 大量的有益微生物可抑制病原微生物，使病原微生物难以繁殖，同时参与植物对有害微生物的防御反应。

3. 施入土壤后，有益微生物在土壤中迅速繁殖，会产生多种对作物有益的代谢产物，可刺激或调控作物生长，改善营养状况，使作物健壮，达到增产目的。

4. 改善作物的营养供应，特别是增加了有机质、腐植酸、氨基酸等有机营养，降低农产品中的硝酸盐含量，有利于作物糖分的积累，提高产品的含糖量和维生素 C 的含量，解决了偏施化肥所造成的"菜不香、果不甜"的难题。

联系人	崔红磊	联系电话	17705197166
传　真	025-86289456	电子邮箱	3370170686@qq.com
通信地址	南京市六合区新篁工业园三美路1号	网　址	无

南京沃优生物肥业有限公司

南京沃优生物肥业有限公司主营业务为微生物有机肥和有机肥的研发、生产和销售。主要产品包括育秧基质和各类蔬菜、水果、苗圃专用肥等。公司占地面积200余亩，各类有机（类）肥料年生产能力5万t以上。公司通过ISO 9001质量管理体系认证、ISO 14001环境管理体系认证、ISO 45001职业健康安全管理体系认证、有机认证等各类认证。

作为江苏省十大优秀有机肥企业、江苏省农业科技产业研究会理事单位、国家农业科技华东（江苏）创新中心——农业废弃物资源化工程技术研究中心中试基地、南京农业大学实践教学基地、南京晓庄师范学院和金陵科技学院产学研合作基地。公司坚持科技创新的同时，始终把产品质量放在工作首位，按ISO 9001质量管理体系标准，从源头到每个生产环节严格把控产品质量。

公司定期为客户开展专业知识培训，并为客户提供私人定制服务，上门取土检测，科学配肥。"客户至上，因地制宜"是公司的服务宗旨。

典范产品1：精制有机肥

【技术指标】总养分≥5.0%；有机质≥45.0%

产品特点

本产品是依托江苏省农业科学院及南京农业大学，针对农作物生长需肥特点，筛选组合优势菌群，科学调整生产配方，改良发酵工艺，开发研制而成的天然活性有机肥料。不但含有氨基酸、腐植酸等活性有机成分，还含有植物生长所必需的中微量元素。长期施用可以补充土壤的有机质，明显改善土壤团粒结构，减轻土壤容重，提高土壤保水保肥能力，恢复土壤生态平衡。同时促进作物根系的生长，增强作物

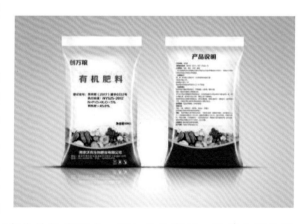

光合作用，提高肥料的利用率，从而达到提高作物抗病能力、增加作物产量、改善农产品品质等功效，是发展绿色农业和无公害农业、增产增收的首选产品。

典范产品2：生物有机肥

【技术指标】有效活菌数≥1.20亿/g；有机质≥40.0%

产品特点

本产品是依托江苏省农业科学院及南京农业大学，根据土壤生态学、植物营养学原理和现代农业的基本理念，从自然界中采集生态有益芽孢菌、酵母菌、放线菌、木霉菌等功能菌

精心培育，并加入畜禽粪便中，经科学配方，高温发酵等现代微生物技术精制而成的肥料。本产品养分配比合理，富含氨基酸、腐植酸及多种微生物代谢产物和微量元素。产品中添加的新型功能菌种活性强、繁殖速度快，能有效减少土传病害，提高植物的抗病能力，增强植物的光合作用。施用后根部的有益微生物菌群能刺激并调节作物生长，显著提高作物产量，并能极大改善农副产品的品质和口感，是发展绿色农业和无公害农业、增产增收的首选产品。

典范产品3：生物有机肥（果树专用型）

【技术指标】有效活菌数≥ 1.20 亿 /g；有机质≥ 40.0%

产品特点

"创万粮"果树专用生物有机肥是依托江苏省农业科学院及南京农业大学，针对经济果树生长特点最新研制的一种新型微生物肥料。本产品不但含有氨基酸、腐植酸等活性有机质，还含有植物生长所必需的大量元素氮磷钾及中微量元素，通过加入特有的微生物菌种，能有效抑制作物土传病害的发生，增强果树抗逆性，提高果树抗病、防寒、耐旱涝能力。施用后，株体健壮，坐果结实率

高，着色均匀，表面光好，色泽艳丽，果大个匀，糖度高，耐贮运，档次高，上市早，产量高。本产品是发展绿色农业、无公害农业、增产增收的首选产品。

联系人	王薇	联系电话	18051087193
传　真	025-57298778	电子邮箱	1054683747@qq.com
通信地址	南京市溧水区东屏街道和平行政村上店铺村108号	网　址	无

苏州富美实植物保护剂有限公司

苏州富美实植物保护剂有限公司拥有世界一流的基础研发能力，致力于为全球种植者提供创新农业解决方案与应用技术，持续提升农业生产力和作物品质，全力推动绿色农业可持续发展。

2017 年 11 月 1 日收购杜邦作物保护业务资产整合后，富美实跃居农业化学顶级公司第一梯队行列，成为专注于作物保护的农业科技企业。2018 年荣获全球 AGROW 两大最高荣誉奖项，包括最佳研发方式奖和最佳应用技术创新奖。富美实拥有广泛的产品组合，包括植物保护和植物健康系列产品，覆盖十大作物。同时，持续每年提供 8% 的总收益用于研发投入，不断为世界各地的种植者带来高效的解决方案，赢得了合作伙伴的信任。

与此同时，富美实正在全球建设更多的生产基地，实现更全的营销体系，拥有更强的供应链系统，从而满足全球客户的需求，谋求共同发展。

典范产品1："甘乐"有机水溶肥料

剂型	技术指标	登记证号
水剂	有机质≥100g/L； N+P$_2$O$_5$+K$_2$O≥60g/L	农肥（2018）准字9664号

产品特点

本产品选取北冰洋高盐碱度、弱光照、低温环境生长的泡叶藻为原料，通过富美实独特工艺及先进的藻体消解法提取生产，保留了高含量的天然抗逆活性物质和内源调节物质，同时采用独特的 ADS 制剂技术，确保产品的安全高效及稳定性。

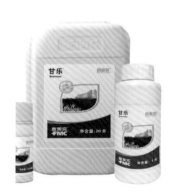

1. 促早开花。含天然细胞分裂素，调节作物体内内源激素平衡，促进花芽分化，提早开更多的壮花。

2. 促抽芽。含天然细胞分裂素和泡叶藻活性物质，刺激植株生长和细胞迅速分裂，快速整齐抽新芽，同时平衡体内养分分配，促进新芽快速老熟。

3. 提高免疫抗逆力。促使作物产生植物免疫素，提高作物自身免疫力，使体内活性物质增加以提高作物对低温寡照、高温干旱、盐害、药害的抵抗力和修复能力。

典范产品2："根罗"含腐植酸水溶肥料

剂型	技术指标	登记证号
水剂	腐植酸≥55g/L；N+P$_2$O$_5$+K$_2$O≥290g/L	农肥（2017）准字6902号

本产品是以美国天然的风化褐煤为原料，采用独特的氧化裂解技术和AOA专利碳水化合物技术生产的含有80%大分子和20%小分子胶体腐植酸的根部使用肥料，主要用于土壤的改良和修复。

产品特点

1. 活化土壤。与土壤形成团粒结构，增强土壤通透性，保水保肥。

2. 降低土壤盐分。与盐基离子结合，减少过量施肥造成的土壤高盐环境，减少土壤"发绿""发白"现象，使根系更健康。

3. 恢复有益微生物的生长。补充有益微生物碳源，改善土壤微生物种群结构。

典范产品3："甘美"含腐植酸水溶肥料

剂型	技术指标	登记证号
水剂	腐植酸≥30g/L； N+P_2O_5+K_2O≥200g/L	农肥（2017）准字6970号

本产品是以美国天然的风化褐煤为原料，采用独特的氧化裂解技术和AOA专利碳水化合物技术，添加了氮、磷、钾等营养元素生产的含80%小分子和20%大分子高活性腐植酸的肥料品，在水稻、小麦等大田作物上提质增产效果明显。

产品特点

1. 高效、快速补充营养元素。增加植物细胞膜透性，提高营养元素吸收效率；提供易于作物吸收的氮、磷、钾等营养元素复合体，满足快速生长期的需求；提高肥液在叶片上的分散性、保湿性和附着性，促进养分渗入吸收。

2. 高活性腐植酸，增强抗逆性。低温胁迫时，可提高植株体内脯氨酸及脱落酸含量，增强多酚氧化酶活力，减弱蒸腾速率和调控气孔来提高作物抵抗低温的能力；高温胁迫时，促进超氧化物歧化酶、过氧化物酶活性提高，降低了超氧阴离子生产速率和过氧化氢的含量，增强了作物抵抗高温的能力。

联系人	徐齐	联系电话	18819266021
传　真	021-20675835	电子邮箱	Qi.Xu@fmc.com
通信地址	上海市浦东新区金科路4560号 FMC农业解决方案3号楼	网　址	www.fmcchina.com

浙江浙农海洋生物技术有限公司

浙江浙农海洋生物技术有限公司是以浙江大学为技术依托，由浙江农资集团旗下企业浙江石原金牛化工有限公司与浙江金海蕴生物股份有限公司携手浙江大学中国海藻酸提取工艺首创团队专家共同投资成立的一家以海洋生物肥料研发、制造生产为主的技术型企业。公司拥有强大的海洋生物资源利用研究、海洋生物肥料研究、生物酶解海藻提取、障碍土壤改良等实力。公司的主要产品是农用海藻酸原液及其水溶肥复配产品。20世纪90年代初期，浙江大学农业化学研究所石伟勇教授团队首创了海藻碱解—螯合复合工艺技术、生物酶解海藻酸萃取工艺技术，开启了中国农用海藻酸肥料应用的先河。经过20多年的技术改进，浙农海洋生物最新的多功能复合生物酶降解海藻酸精确控制萃取工艺技术继续引领中国同行，并在优质海藻原料选育、新鲜海藻的冷冻保鲜技术、物理生物酶联合破壁工艺、海藻酸生物发酵萃取工艺与过程控制等方面都走在了前列，确保海藻提取物中活性物质充分提取，并最大限度地保留了其原生态养分。

海藻原料全部是温州洞头岛独特的羊栖菜（褐藻），其海藻多糖等活性物质的含量高。公司拥有食品级大型生物发酵降解设备和标准化实验室，确保产品质量稳定与领先，并自建5 000t大型冷库用于新鲜羊栖菜海藻的储存。

公司具有年产5 000t海藻酸提取物与水溶肥生产能力，可以承接肥料生产企业委托生产加工业务和经销商的产品定制业务。

典范产品1：氨基酸水溶肥料

剂型	技术指标	登记证号
水剂	氨基酸≥100g/L；Ca+Mg≥30g/L	农肥（2018）准字12324号

产品特点

本产品由公司与浙江大学根据作物对营养需求与吸收规律联合研发而成。

是利用洞头岛独特的新鲜海藻羊栖菜，通过应用"多功能复合生物酶降解发酵工艺"技术生产的高品质海藻酸与氨基酸、钙镁等营养元素螯合复配而成的生态环保、多功能水溶肥料。

本产品具有促进叶片光合效率、提高作物抗性能力、使作物在逆境下快速恢复、提高肥效吸收传导能力、促进果实膨大、增加产量和品质等作用。

本产品内含酶解海藻酸提取物≥600g/L。

典范产品2：含腐植酸水溶肥料

剂型	技术指标	登记证号
水剂	腐植酸≥30g/L； N+P₂O₅+K₂O≥200g/L	农肥（2018）准字12325号

产品特点

1. 活化土壤，改善土壤团粒结构，增加有益微生物。
2. 提高作物抗逆能力，具有促进根系发育、修复受损根系作用。
3. 提高氮、磷、钾肥效，达到减肥增效的目的。
4. 选用优质的原材料，具有调理作物健康的功能，可长期施用。

典范产品3：氨基酸水溶肥料

剂型	技术指标	登记证号
水剂	氨基酸≥100g/L； Ca+Mg≥30g/L	农肥（2018）准字12324号

产品特点

1. 具有强大的促进光合作用的功效。
2. 有效克服不利气候环境对水稻产量和品质的影响。
3. 延缓剑叶衰老，提高光合效率和干物质的合成，并加速光合产物往谷粒中转运，从而显著提高谷粒重，最终提高作物产量和质量。

联系人	陈彤	联系电话	18742465565
传　真	无	电子邮箱	chentong@zitcchem.com
通信地址	浙江省杭州市滨江区江虹路浙农科创园2号楼	网　址	无

安徽六国化工股份有限公司

安徽六国化工股份有限公司位于中国古铜都——安徽铜陵，始建于1987年，前身是铜陵磷铵厂，是国家"七五"工程重点项目，引进了第一套进口的大型磷铵生产装置。2004年3月5日在上海证券交易所成功上市，经过30余年的发展，公司已成为中国重要的磷复肥生产基地，现拥有一个本部、全资及控股子公司7家，业务涵盖从上游磷矿采选到下游化肥、磷产品加工等，形成了一个集磷化工、煤化工、精细化工、氟化工为一体的多元化产业链。

化肥年产能超300万t，拥有控失活化肥料、控失保持性肥料、海藻酸肥料、聚谷氨酸肥料、锌腐酸肥料、稳定性肥料、腐植酸肥料、微生物肥料、水溶性肥料、土壤调理剂等10多个品类100多个品种规格，拥有满足各类作物全程营养需求的肥种。产品销售覆盖全国并出口至东南亚及非洲。

典范产品1："六国网"控失二铵

本系列产品添加中国科学院（合肥物质科学研究院）新一代控失活化增效剂、化肥养分控失剂、生物发酵氨基酸、土壤结构改良剂、生物表面活性剂。遇水后，自动形成蜂巢状养分包、养分库，可显著减少养分的渗漏、径流和挥发，明显提高肥料利用率。另外，选用优质富磷矿作为原料，水溶性磷含量高。传统法喷浆造粒，颗粒硬度适中，养分稳定，肥料利用率高。

产品特点

1.降低氮养分挥发、径流，减少氮肥流失。

2.络合土壤中铁、钙、锰等中微量元素，易于作物吸收。

3.活化土壤中固定的磷、钾，提高利用率。

4.疏松土壤，增强透气性，促进养分吸收。

典范产品2："六国"海藻酸系列复合肥料

本产品精选优质原料，经化学合成、喷浆造粒工艺生产而成，具有水溶性好、吸收好等特点。且特别添加中国农业科学院研发的海藻提取物，内含作物生长所需的多种营养物质及氨基酸、海藻酸、天然生长调节剂（细胞激动素、生长素、赤霉素、甘露醇、多酚）等。营养丰富，配比均衡。

产品特点

1.改良土壤。有效提高土壤的保水能力，促进根际有益微生物的生长，且利于土壤保存水分，刺激作物根系以及根际微生物的生长。

2.提高肥料利用率。发酵海藻酸具有控氮、活磷、促钾等特点，还可螯合土壤中的中微量元素，从而达到提高肥料利用率的作用。

3.提高作物抗逆性。海藻酸肥中含有多种如细胞分裂素等天然活性物质，具有提高作物的抗寒、抗干旱能力，降低线虫感染率，激发作物抗逆性等作用。

4.提高作物品质和产量。海藻酸肥中含有大量的高活性成分，植物易吸收，作物施用后长势旺盛，提质增产效果显著。

典范产品3："LANDGREEN"聚谷氨酸水稻精准配方肥

本产品是采用中国农业科学院"聚谷氨酸肥料增效"技术，通过微生物发酵生产而制备的聚谷氨酸肥料增效剂，内含有丰富的氨基酸、葡萄糖、蛋白质、矿物质、维生素及多种生理活性物质，是天然、环保、高效的农业投入品。根据水稻的需肥特性所定制的高氮中磷高钾的专用配方，保证其全生育期的养分供给，精准施肥不脱肥。

产品特点

1.有效降低肥料养分挥发、淋溶、固定损失，螯合土壤元素，改善土壤状况，保水保肥，提高肥料利用率。

2.促进作物发芽率和种子活力，促进种子萌发和出苗，生根壮根，从而提升植物地下部分吸收养分能力。

3.增强作物抗病及抗逆境能力。

4.平衡土壤酸碱性,缓解土壤次生盐渍化,改良土壤。

联系人	岳茂武	联系电话	13955913389
传　　真	0562-3802308	电子邮箱	814147446@qq.com
通信地址	安徽省铜陵市铜港路8号	网　　址	www.liuguo.com

安徽悦禾生物科技有限公司

安徽悦禾生物科技有限公司位于国家级合肥经济技术开发区，是专业从事各类高端水溶肥料研发、生产、销售、服务的高科技企业。公司以中国农业大学、中国农业科学院、中国科学技术大学、安徽农业大学等高等院校、科研院所的著名专家、教授为强大的技术创新依托，采用国内独创的先进生产工艺和独有的科学配方，自主研发了多个系列的"禾悦"高端水溶肥料。"禾悦"系列水溶肥料养分浓度高、营养元素比例均衡、效能稳定、生理活性强，对农作物具有营养和生理调节双重功能。通过试验示范表明，"禾悦"系列水溶肥料优质、高效、抗逆、防病、抗病、促早熟、防早衰、促高产、提品质等功效突出，无毒、无残留、不含任何激素、对人畜无害、对环境无污染，产品通过了 HQC《环保生态肥料产品》认证。公司于 2020 年 10 月被农业农村部农产品质量安全中心确认为全国生态环保优质农业投入品（肥料）生产试点企业，其优异的产品为农作物增产、增收、防灾、减灾提供了有力的保证，是发展绿色农业理想的水溶肥料。

典范产品1：含腐植酸水溶肥料（活性高钾型、最肥型）

【登记证号】农肥（2017）准字 5923 号

【技术指标】腐植酸 $\geq$ 30g/L；N+P_2O_5+K_2O $\geq$ 500g/L，其中，N $\geq$ 100g/L、P_2O_5 $\geq$ 150g/L、K_2O $\geq$ 250g/L；限量元素 Hg $\leq$ 5mg/kg、As $\leq$ 10mg/kg、Cd $\leq$ 10mg/kg，Pb $\leq$ 50mg/kg、Cr $\leq$ 50mg/kg

【执行标准】NY1106—2010

产品特点

1. 环保生态、无毒、无害、无激素；活性因子含量高，养分均衡。

2. 催芽、发根、壮苗、抗倒伏；使农作物活力增强，生命力旺盛。

3. 促高产、提品质；使农产品穗多、粒大，或果大、果甜、色艳。

4. 增强农作物抗逆能力，防止或减轻灾害损失。

5. 增强农作物免疫力，抑制致病菌生长，降低发病率。

6. 激活土壤潜在养分，减少肥料用量，提高施肥效益。

使用方法

适用小油菜、小麦、水稻、玉米、大豆、棉花、辣椒、黄瓜、番茄、西瓜、花生等。

拌种：40kg 种子与 250g 肥料混匀拌种，晾干播种。

叶面喷施：兑水稀释 150 ~ 300 倍，混匀，叶面喷施。

大田作物：每个物候期（如小麦返青、拔节、孕穗、灌浆期）喷施1～2次。

瓜果蔬菜类：于苗期（或萌芽前）开始叶面喷施，每10～15天喷施1次，农作物受灾、受害时，立即喷施，并每隔5～7天喷施一次，可大幅度降低灾害损失。

典范产品2：含腐植酸水溶肥料（超能型）

【登记证号】农肥（2017）准字5923号。

【技术指标】腐植酸≥30g/L；N+P_2O_5+K_2O≥300g/L，其中，N≥250g/L、P_2O_5≥25g/L、K_2O≥25g/L；限量元素Hg≤5mg/kg、As≤10mg/kg、Cd≤10mg/kg、Pb≤50mg/kg、Cr≤50mg/kg

【执行标准】NY 1106—2010

产品特点

1. 环保生态、无毒、无害、无激素。

2. 活性因子含量高，促进新陈代谢，使农作物生命力旺盛。

3. 促进根系发达、植株健壮，增加产量，提升品质。

4. 提高农作物抗逆能力，防止或减轻灾害损失。

5. 增强农作物免疫力，抑制致病菌生长，降低发病率。

6. 促进土壤养分吸收，减少肥料用量，提高施肥效益。

7. 产品稀释后，可与杀虫剂、杀菌剂、除草剂等农药混合使用，可提高药效，减少用药次数，降低用药成本。

使用方法

适用小油菜、小麦、水稻、玉米、大豆、棉花、辣椒、黄瓜、番茄、西瓜、花生等作物。

叶面喷施：兑水稀释50～100倍，混匀后叶面喷施。

大田作物：营养生长期（如小麦返青期、拔节期；水稻分蘖期、拔节期；玉米苗期、拔节期）喷施2～3次；可减少或代替化肥作为追肥使用。

瓜果蔬菜类：苗期至开花前每10～15天喷施1次，喷施2～3次。

典范产品3：大量元素水溶肥料

【登记证号】农肥（2017）准字5922号

【技术指标】N+P_2O_5+K_2O≥60.0%，其中，N≥5.0%、P_2O_5≥15.0%、K_2O≥40.0%；Ca+Mg≥1.0%

【执行标准】NY/T 1107—2020

产品特点

1. 环保生态、无毒、无害、无激素。

2. 促高产，提品质，调节植物体内酶的活性，调节营养物质的合成、分解、运转、促进细胞分裂和生长，增加糖类、蛋白质脂类等物质的积累、存储。

3. 促进养分吸收，激活土壤潜在养分，提高肥料利用率，达到减肥增效效果。

使用方法

推荐在作物幼果期、果实膨大期、着色期、果实采收期及缺钾的情况下使用，效果极佳。每亩用 2 ~ 4kg，用 100kg 水溶解后，兑水 1 000 ~ 1 500kg 搅拌均匀，滴灌或浇灌。

联系人	程坚	联系电话	13605511002、0551-66180198
传　真	0551-66180199	电子邮箱	1439697623@qq.com
通信地址	合肥经济技术开发区齐云路18号	网　址	www.ahyuehe.com

怀宁县腊树四合供销合作社有限公司

怀宁县腊树四合供销合作社有限公司于 2018 年成立，位于腊树镇四合村，注册资金 300 万元，占地 20 余亩，总投资 800 万元，存栏蛋鸡 10 万只，秸秆年生产有机肥 1 万 t，办公及经营网点 220m²。2018 年成功申请有机肥"皖吉丰"注册商标，被安徽省农业科学院畜牧兽医研究所列为畜禽粪污资源化利用科研示范基地。

合作社于 2018 年投资 450 万元新建以农作物秸秆和鸡粪为有机肥加工项目，购置卧式齿轮传动畜禽粪便快速好氧发酵生物菌肥生产加工反应器、秸秆收集打捆机及其配套设备、肥料造粒机、包装机等有机肥生产设备和检测设备，建设厂房车间 3 000m²。项目投产后，每年可加工生产秸秆鸡粪有机肥 1 万 t，能消化吸收蛋鸡存栏十万羽及周边养殖户所产生的鸡粪和几万亩的农作物秸秆。

合作社加工生产的有机肥，主要用于周边蔬菜基地、苗木基地等农林业生产，产品深受用户欢迎。

典范产品："皖吉丰"有机肥

剂型	技术指标	登记证号
粉剂	N+P₂O₅+K₂O≥5%；有机质≥45%	皖农肥（2018）准字6265号

本产品为新型活性生物有机肥，采用蛋鸡粪便与农作物秸秆通过活性菌发酵而成，富含大量有益微生物、有机质和氮磷钾，可以活化久用化肥造成的土壤板结，有效改良土壤理化性质和微生态环境，减少土传病害，熟化土壤，培肥地力，促进作物根系生长等。

产品特点

1. 长效均衡地供给作物所需的 N、P、K，以及有机质和微量元素，适用于各种作物。

2. 改善土壤的微生态环境。

3. 活化久用化肥造成板结养分，提高化肥利用率和土壤活性。

4. 供给作物所需的生理活性物质、提高土壤中 P、K、Ca 的活性。

5. 合成土壤养分，提高土壤肥力，促进作物生长，提高作物产量。

6. 抑制病原微生物，减少病虫害发生，从而减少化肥农药用量。

联系人	潘小洪	联系电话	13955640695
传　真	无	电子邮箱	2889449931@qq.com
通信地址	安徽省安庆市怀宁县腊树镇四合村	网　址	无

铜陵国星化工有限责任公司

铜陵国星化工有限责任公司成立于 2011 年 4 月 8 日，坐落在著名的中国古铜都——安徽省铜陵市。公司注册资金 838 万美元，系由安徽六国化工股份有限公司、韩国三星物产株式会社、三星物产香港有限公司共同出资设立。公司现拥有年产 20 万 t 复合肥生产装置，该装置采用国内领先的单管式反应器氨酸法工艺，能耗小、磷、氨的得率高、无废水产生，生产控制灵活，可根据市场变化和原料的来源随意调整产品结构，满足市场对个性化肥料的需求，硫基肥系列和专用肥系列产品以过硬的质量享誉全国，成功销往全国 20 多个省区市，并走出国门。

典范产品1："农场直达"系列复合肥

本产品采用中国科学院（合肥物质科学研究院）新一代控失技术，具有保肥保水、养地力、无公害、活化养分的特点。同时选用优质矿源，水溶性磷占比高达 80%，喷浆造粒工艺，质量稳定。

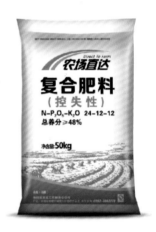

产品特点

1. 控制养分流失，调节作物对氮磷钾各元素的平衡吸收，促进磷在作物体内的运转；活化土壤中难溶性养分，促进吸收。

2. 生根壮根，健壮植株，增强光合作用，提高作物产量和品质。

3. 增强作物抗逆性，显著增强作物的抗旱、抗干热风和抗低温能力，提高作物的抗倒伏能力。

4. 改良土壤，改善土壤团粒结构，保肥保水。

5. 作为高效、环保的新型肥料，对促进农业增产和控制农业面源污染有着极重要的作用。

典范产品2："六祥"水稻专用肥

本产品采用喷浆造粒生产工艺，粒子圆润、溶解性好。通过结合当前土壤情况，并依据作物营养学，经过反复试验，根据水稻各生长周期及水稻生长特点，因需定制的"高氮中磷中钾"的专用配方。

产品特点

1. 有效磷含量高，底肥施用可促进种子萌发，增根壮秧，促进分蘖，提高千粒重，减少缺粒秃尖现象、促进生长、提早成熟，增产增收。

2. 富含硫、钙、镁等作物必需的中微量元素，提高光合效率、激发酶活性、提高籽粒成熟度。

3. 配方合理，符合水稻的需肥特点，肥力持久，确保全程营养不脱肥。同时可减少肥料浪费，改善土壤结构，全面持续平衡供应营养元素。

典范产品3："乡满福"系列复合肥

本系列产品采用进口硫酸钾、优质磷矿作为原料，化学合成、喷浆造粒工艺生产，颗粒均匀、养分稳定、质量好。

产品特点

1. 养分配比均衡，除含有作物必需的氮、磷、钾三元素外，还含有钙、镁、硫等营养元素，促进作物生长发育，提高叶片光合作用，提高叶绿素含量，延长生长期，增强作物的抗逆性，补充作物养分需求，提高作物风味品质。

2. 适用范围广，适合于各种经济作物，特别是忌氯作物，在粮食作物和果树、蔬菜等经济作物上都能施用。施用后可改善土壤中普遍存在的养分失衡的状况，具有吸收快、损失少、肥效持久，增产显著等特点。

3. 颗粒养分均匀，可撒施、淋施、沟施、适合机械化施肥。

联系人	王欢	联系电话	13955932600
传　真	无	电子邮箱	445950319@qq.com
通信地址	安徽省铜陵市铜陵大桥经济开发区铜港路8号	网　址	www.tlgxhg.com/

中盐安徽红四方肥业股份有限公司

中盐安徽红四方肥业股份有限公司是国务院国资委直属的中国盐业集团有限公司直接管理的二级企业。公司前身合肥化肥厂始建于 1958 年，建厂初期，党和国家领导人毛泽东、邓小平等老一辈无产阶级革命家先后来企业视察指导工作，为公司发展提供了宝贵的精神财富。

公司拥有 5 家全资、控股子公司，是中盐集团唯一从事化肥生产经营与农业产业化服务的专业性公司。公司现有尿素 40 万 t/ 年、各种功能性复合（混）肥料 350 万 t/ 年的生产能力。

公司现为国家高新技术企业，拥有全国首家化工农化服务中心、省级企业技术中心、安徽省缓控释肥料工程技术研究中心，是国家首批环保生态肥料认证企业和工信部"两化融合"管理体系认证企业，先后通过了质量、环境、职业健康安全、能源和商品售后服务管理体系认证，红四方复合肥通过绿色产品认证。

公司长期致力中国农业绿色高质量发展，广泛开展产学研合作，大力践行土壤健康理念，率先在同行业中提出"智慧农业 6S"服务理念，并与安徽农业大学共建智慧农业研究院，积极推进传统农业向现代农业服务模式的转型升级。

典范产品1：红四方控失肥

产品特点

本产品是公司与中国科学院合肥物质科学研究院合作开发的产品，它是将天然和无机高分子材料做成化肥控失剂添加到化肥中，在土壤中遇水时形成微米到纳米尺度的内置网，网捕化肥分子，降低养分流动性。利用控失剂材料的保水性，对化肥营养元素进行"包裹"和水肥耦合，达到缓慢释放、减少流失、提高肥料利用率的作用。

推广效果

农业农村部全国农业技术推广服务中心在全国各地对水稻、玉米、小麦和果树等作物的 5 年田间试验示范结果表明：在稳产情况下，纯养分投入减少 9.6% ~ 20.5%，等养分投入增产 8.2% ~ 14.4%，减少施肥次数 1 ~ 3 次，亩节本增效 76 元以上。

典范产品2：红四方缓释肥料

产品特点

本产品是与中国农业大学合作研制而成，采用高分子原位反应成膜工艺，产品具有膜薄且养分含量高、膜材易降解、养分释放性能稳定、释放期可控、包膜实现连续化与自动化、绿色安全环保等特点。施用本产品可增产、减肥、省时省工。

推广效果

全国农业技术推广服务中心2015—2019年在安徽、江苏等24个省区市的小麦、水稻、玉米等10余种作物上开展了缓释肥料应用试验示范。结果表明：与习惯施肥相比，施用红四方缓释肥料水稻平均增产9.4%，玉米平均增产11.3%，小麦平均增产6.3%；与习惯施肥相比，缓释肥料在作物平均增产8.7%的情况下，化肥纯养分投入量减少11.5%；可一次性做基肥施用，实现免追肥或减少追肥次数，节省人工投入，达到省时省工效果。

典范产品3：红四方液体水溶肥

产品特点

本产品由公司与华南农业大学合作研发，采用先进的工艺、农艺、螯合等技术制成。拥有年产5万t装置，获得实用新型专利2件。

本产品富含氮磷钾、腐植酸、氨基酸、微量元素和有机质，具有养分全面、高含量、高浓缩、全水溶、不含激素和有毒有害物质等特点；有效改变土壤结构，活化作物根际微生物，减少土壤盐碱化，缓解土传病菌；促进根系生长，提高作物的坐花坐果率；增强作物抗旱、抗寒、抗病能力，有效预防生理病害，增产提质增效。

推广效果

据农业农村部全国农业技术推广服务中心近3年试验示范结果表明：施用红四方液体悬浮水溶肥作物产量较常规施肥处理平均增产12.8%。

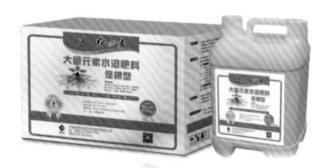

联系人	陆菲	联系电话	18056004760
传　真	0551-64533545	电子邮箱	2607738906@qq.com
通信地址	安徽省合肥市循环经济示范园	网　址	www.hsfchina.com

福建三炬生物科技股份有限公司

福建三炬生物科技股份有限公司创始于 1997 年，是一家集研发、生产、销售、服务为一体的国家高新技术企业和新三板挂牌企业，是"福建省生物肥料企业工程技术研究中心"。

公司参与国家星火计划项目、国家海洋公益性行业项目、福建省海洋区域发展示范项目等多项国家及省市级项目，共获资质荣誉 40 余项，多次获省级科技进步奖和市级科技进步奖。

公司现有有效专利 25 件，其中，发明专利 11 件；获知识产权管理体系认证；获评厦门知识产权试点企业和创新型企业。

公司以"专注土壤健康、发展生态农业"为宗旨，研发了以微生物肥料为主导的有机产品，现有肥料登记证 13 个，产品因在土壤改良、作物抗逆增产、环境治理等方面使用效果显著，通过了国内有机认证和欧盟 BCS 有机认证，并获评厦门市"专精特新"产品。

典范产品1：微生物菌剂

剂型	技术指标	登记证号
粉剂	有效活菌数≥2.0亿/g	微生物肥（2018）准字（6156）号
粉剂	有效活菌数≥2.0亿/g	微生物肥（2018）准字（6156）号

产品特点

微生物菌剂产品中，烟草节杆菌是公司独有菌种，该菌不仅具有抗逆增产的作用，还可降低烟草的烟碱含量。因产品所用原料为菇渣、玉米淀粉、麸皮等绿色、安全的农业废弃物，经抽检，符合欧盟有机法、美国有机法及日本有机法的规定，获得欧盟有机认证。

推广效果

本产品在柑橘和烟草作物的应用效果显著。据 2017 年在漳州南靖、华安、长泰多地的试验结果表明，该产品比常规施肥分别增产 10% 以上，烟叶和柑橘品质也有明显提高，获得良好的经济效益，投入产出比可达 1∶1～1∶1.3。

典范产品2：土壤修复菌剂产品

剂型	技术指标	登记证号
粉剂	有效活菌数≥5.0亿/g；有机质≥20.0%；硝态氮转化率≥50.0%；胞外多糖≥1.0mg/g	农肥（2019）准字7409号

产品特点

公司从多年次生盐渍化土壤中筛选出具有同化作用的功能菌，应用2项自有的发明专利技术，研究并开发了土壤修复菌剂新产品，本产品具有稳定性高、土壤修复效果显著的特点。

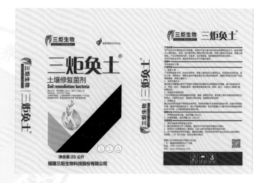

推广效果

2016—2018年，连续3年应用于设施小白菜，土壤硝态氮转化率达50%以上，小白菜的硝酸盐含量降低了25%以上，整体增产10%以上。

典范产品3：生物有机肥产品

剂型	技术指标	登记证号
粉剂	有效活菌数≥0.5亿/g；有机质≥50.0%	微生物肥（2019）准字（7321）号

产品特点

本产品可缓解土壤连作造成的土传病害，消除因施肥不当造成的作物中毒和病原菌滋生，改善长期施用化肥造成的土壤性状恶化，实现养地、肥地、恢复土壤健康。

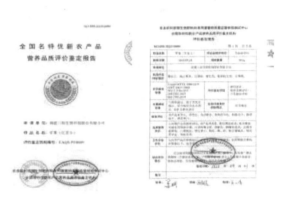

推广效果

本产品分别在菠菜和苹果上得到了应用，经试验，均能达到增产增质的效果。目前已在福建、云南、广东、海南、江西、山东、广西等地推广应用。

联系人	郭小红	联系电话	13599901903
传 真	0592-6553555	电子邮箱	490006343@qq.com
通信地址	福建省厦门市思明区展鸿路81号A座27层D单元	网 址	www.chinasanju.com

泉州市洋屿土壤科技有限公司

泉州市洋屿土壤科技有限公司是国家高新企业,由中央汇金旗下公司与洋屿环保公司投资,位于斗尾港深水岸线中化集团泉州基地泉惠石化园区,公司年产有机土壤调理剂36万t,是海内外最大的调理剂及生物有机肥生产基地。公司依托母公司强大的技术支持,深入自然生态科学并研究土壤团粒微生态及其营养供给与植物生长关系,针对人为过度垦殖及脆弱生态,以土壤、微生物、昆虫等动植物与人类的和谐为基础,利用啤酒海藻等食品泥、植物及鱼虫鸟畜残余废料,生产颠覆性产品,使作物更加天然生长,把地球自然生态变得更加美好。

典范产品1:土壤调理剂

产品特点

该产品通过构建微生物生长繁衍环境,激活土壤里的土著微生物,可用于松化板结土壤。产品生产过程中通过构建良好微环境,无须添加高效菌种,无须翻抛,即可激活有机原料(包括渣质及泥质有机原料)当中的芽孢菌、乳酸菌、酵母等普通微生物,让原料在一天内迅速充分腐熟。工厂生产效率高,一天内可腐熟1 000t渣质或泥质有机原料,生产过程中无需高温高压,有效脱除原料中有害物质,生产工艺节能环保,产品绿色安全。

典范产品2：微生物菌剂

产品特点

本产品具有高含量的胶体组分及凝聚离子，通过平衡土壤成分，促进有机、无机胶体的形成，对土壤的团聚性、盐分等进行调理；打破土壤板结结构，疏松土壤、调节土壤水、气、肥效的平衡，改善土壤理化性能指标；促进土壤团粒结构形成，增强土壤通透性，增加土壤的耕作层厚度；增加土壤团粒结构稳定性，减少地表径流，促进水、肥效成分的渗透，抗寒耐涝；提高土壤微生物活力，促进有机质分解矿化，清洁土壤，减少土传病害。可作为免耕栽培、无公害生产等现代农业首选先进配套技术产品。

典范产品3：福德营养液

产品特点

本产品采用食物残渣、畜禽粪便为原料，经过充分发酵腐熟，融多种有益活性功能菌及多肽氨基酸于一体，有益菌群等对土壤健康及质量提升具有良好效果。产品适宜微生物生存，可激活土壤微生态，释放土壤本身沉积的微量元素，增强土壤渗透性，能更好地保水保肥，提高土壤本身的抵抗力，有效预防虫害、土传病害；与其他肥料混合使用，肥效长久；产品经过多次专业试验和检测报告认定安全可靠，绿色环保。另外，该产品能很好疏通养分运输通道，让作物健康苗壮成长，增强植株生命活性，增强植物对病虫害的抵抗力，提高作物品质，恢复作物自然风味。能广泛用于各种蔬菜、瓜果等作物。

联系人	钟云峰	联系电话	13860797008
传　　真	059528130011	电子邮箱	41541286@qq.com
通信地址	安福建省泉州市惠安县东桥镇泉惠石化园区	网　　址	无

漳州三本肥料工业有限公司

漳州三本肥料工业有限公司成立于1995年年底,台商独资企业,位于国家级漳浦台湾农民创业园区,国内最早生产有机肥料的企业。公司主营有机肥、生物有机肥、酵素叶面肥、有机无机复混肥、大量元素水溶肥及各种果蔬专用肥等;公司注重管理,诚信经营,2000年通过ISO 9001质量管理体系认证;有机肥、生物有机肥、酵素叶面肥于2013年通过有机生产资料认证;公司连续多年被福建省工商局、漳州市人民政府、漳浦县人民政府评为"守合同、重信用"单位。公司的"农好"商标被评为漳州市知名商标。公司设有土壤肥料检测中心,配备原子分光光度计、原子荧光光度计、定氮仪、分光光度计等仪器,具有土壤、肥料所有项目的检测能力,为客户提供测土服务,做到精准施肥。

公司产品销往福建、广东、江西、广西、海南、湖南、台湾,以及东北三省,并出口菲律宾、印度尼西亚、日本等国。公司酵素叶面肥产品助力袁隆平院士水稻亩产1 000kg的攻关项目。

典范产品1:农好有机肥

【技术指标】N+P$_2$O$_5$+K$_2$O ≥ 5%;有机质 ≥ 50%

产品特点

本产品由精选的蓖麻粕、烟末、茶渣、菇渣、海藻渣等植物性原料经科学配比、高效发酵菌发酵而成。本产品养分均衡,含有丰富的中微量元素,具有良好的土壤改良能力及促进植物根系生长的能力,使用该产品能够有效地疏松土壤,调节土壤水、气、肥效的平衡,通过改善土壤理化性能指标,增强土壤通透性,增加土壤的耕作层厚度;与其他肥料混合使用,能提高肥料的利用率及提升农产品品质。本产品主要作为基肥施用,可广泛用于蔬菜、果树、花卉等作物。

典范产品2：生物有机肥

【技术指标】有效活菌数 ≥ 0.25 亿 /g；有机质 ≥ 40%

产品特点

本产品由精选的豆粕、芝麻粕、烟末、茶渣、菇渣、海藻渣等植物性原料经科学配比、高效发酵菌发酵，并添加功能菌。本产品养分均衡，含有多种微量元素，并含有丰富的枯草芽孢杆菌。该肥料具有促进植物根系生长的作用，施用该肥料的作物生长具有良好的抗逆能力，生长苗壮。本产品主要作为基肥施用。在作物移栽、播种时穴施，拌匀。果树在过冬时挖沟穴施。

典范产品3：含氨基酸水溶肥料

【技术指标】氨基酸 ≥ 100g/L；Zn+B ≥ 20g/L

产品特点

本产品由功能菌作用于米糠、黄豆、鱼粉、糖蜜、奶粉等高营养物质高效发酵分解成游离态氨基酸，再添加作物所需的 B、Zn 及其他辅料精制而成。该肥料内含作物所需的多种氨基酸、多肽、B、Zn 等多种营养物质，具有活性高、营养全、肥力高、持效期长等特点，可叶面喷施也可灌根使用。灌根使用时，微生物功能菌株可迅速在作物根表、根际和体内定植、繁殖和转移，充分发挥菌株的促长、抗病、抗逆和改良土壤等功能。

联系人	李文彪	联系电话	15859680880
传　真	0596-3851646	电子邮箱	40870647@qq.com
通信地址	福建省漳浦县马口三本肥料	网　址	www.zzsbfl.com

漳州三炬生物技术有限公司

漳州三炬生物技术有限公司成立于 2013 年，是一家以生物有机肥、农用微生物菌剂产品为主营业务的福建省高新技术企业，是南靖县龙头企业。

公司自成立以来，采用公司特有的发明专利技术，资源化利用畜禽粪污和农业废弃物，创制微生物肥料产品。承担并参与多项省市级项目，2020 年，微生物肥料产品系列化研创项目荣获"漳州市创新创业大赛贰等奖"和福建省创新创业大赛"优秀企业"称号。公司目前已获得 14 个肥料登记证，其中一项淡紫拟青霉相关的微生物菌剂产品，获 2019 年度福建省重点新产品。

公司共拥有有效知识产权 14 项，其中，发明专利 2 项、实用新型专利 4 项、外观专利 2 项和软件代码著作权 6 项。

典范产品1：复合微生物肥料

剂型	技术指标	登记证号
粉剂	有效活菌数≥0.2亿/g； N+P$_2$O$_5$+K$_2$O=8.0%；有机质≥20.0%	微生物肥（2012）准字（0868）号

产品特点

1. 可调节土壤酸碱度，改善土壤团粒结构。

2. 养护根系，促进根系发育和植株健壮。

3. 提高作物抗逆性。

4. 本产品中的功能菌可分解土壤中的磷、钾等元素，有效补充作物生长所需的养分。

推广效果

本产品在云南、海南、广东、四川、江西、福建、山东等地应用于瓜菜、水果、烟草、中药材中，效果显著，取得了良好的经济效益与社会效益，得到了客户的认同和一致好评。

典范产品2：微生物菌剂产品

剂型	技术指标	登记证号
粉剂	有效活菌数≥1.2亿/g	微生物肥（2006）准字（0287）号
液体	有效活菌数≥2.0亿/mL	微生物肥（2006）准字（0287）号
液体	有效活菌数≥2.0亿/mL	微生物肥（2006）准字（0287）号
粉剂	有效活菌数≥2.0亿/g	微生物肥（2006）准字（0287）号

产品特点

1.功能菌能提供并活化养分，提高化学肥料利用率。

2.产生抑菌肽、蛋白酶等活性物质，增强作物抗逆性，减少病虫害发生。

推广效果

产品在蔬菜、水果、烟草、中草药等多种作物上均得到广泛应用，带来了良好的经济效益和社会效益。因产品的技术独特性、效果显著且稳定，于2019年被评为"福建省重点新产品"。

典范产品3：生物有机肥产品

剂型	技术指标	登记证号
粉剂	有效活菌数≥0.2亿/g； 有机质≥40.0%	微生物肥（2012）准字（0967）号

产品特点

1.产生多种活性物质，增强作物抗逆性。

2.改善农产品品质，增产增收。

3.抑制病原菌，防治线虫。

4.改善土壤微环境，缓解土壤板结现象，改良和修复土壤。

5.可以降解农药残留。

联系人	刘玉珍	联系电话	18291165056
传　真	0596-7665599	电子邮箱	704465176@qq.com
通信地址	福建省漳州市南靖县高新技术产业园区	网　址	无

江西瑞博特生物科技有限公司

  江西瑞博特生物科技是一家专注农用微生物及其应用研究与推广的国家高新技术企业，建有 5 000 t 产能 P1 级微生物菌剂生产车间和 P2 级现代微生物技术研究中心，年产销各类微生物肥料 60 万 t。

  公司多年专注土壤治理及生态种植技术研究与推广，获发明专利 6 项。全国首创"大三元+"用肥新理念，首创土壤修复、生态种植的"中医农业五步法"。产品先后被上海市农业农村委员会、江苏太仓市农业农村委员会推荐为生态农业应用产品。企业先后获得国家高新技术企业、省级专精特新、省级专业化小巨人、江西省名牌、江西省著名商标、省农业产业化龙头企业、省级重合同守信用企业等荣誉。其中"黑老虎"牌系列微生物肥料产品通过国家环保生态认证，并被省农业厅农业专家组评定为"节肥增效、增产增收明显"，是值得大力推广的产品。

典范产品1：黑老虎30% 15-6-9复合微生物生态硫基肥料

产品特点

  本产品选用进口硫酸钾和腐熟活化的有机质等原料科学配制而成，富含有机质、腐植酸、多种氨基酸，螯合中微量元素及多组有益生物菌群。本产品的生物菌群具有在高浓度无机盐及高、低温环境中生存的能力，施用于土壤后具有快速复活和极强的繁殖能力。可利用环境的生物多样性，具有特别的生物诱导性，能有效激活土壤中同类有益生物菌群，活化土壤原有惰性养分，减少肥料的使用量。可根据作物需肥要求智能化释放作物所需养分，提高肥料养分利用率。能调理土壤，让土壤健康疏松；促进根系生长，延长采收期；提高作物抗性，减少农药投入；抗重茬，减少死苗烂棵；补充有益菌和有机质；减少畸形，增加产量，提高品质。

典范产品2：长效虎35% 20-5-10复合微生物生态氯基肥料

产品特点

本产品选用腐熟活化的天然有机质等原料科学配制而成。能够省工长效，抗重茬，使作物高产高品质，减少病害。施用后具有特别的生物诱导性，能有效激活土壤中同类有益生物菌群，可明显增进作物生长，增强抗逆性。可根据作物需肥要求智能化释放作物所需养分，提高肥料养分利用率，肥效期长，可减少追肥次数或不追肥。

典范产品3：黑老虎微生物菌剂生态种植型

产品特点

本产品选用食用型有益菌株，采用国内外的微生物培育技术、生物诱导技术研制而成。改良土壤，减少肥料施用量，提高农产品干物质及糖分含量，减少病虫害的发生。生态环保，控病害，促品质，增产量。

联系人	朱建宜	联系电话	13870471966
传　真	0794-7659559	电子邮箱	28137989@qq.com
通信地址	江西省抚州市宜黄县丰厚工业园区	网　址	www.rbtsw.cn

金正大生态工程集团股份有限公司

金正大生态工程集团股份有限公司是国家重点高新技术企业和国家创新型企业，是缓控释肥料行业、国家与国际标准起草单位，主要从事复合肥、缓控释肥、生物肥、土壤调理剂等土壤健康所需全系列产品的研发和推广应用。公司先后承担了"十一五""十二五"国家科技支撑计划、"十三五"国家重点研发计划，山东省重点研发计划等50余项国家和省重大科研项目，拥有发明专利230项，并荣获国家科技进步二等奖2项，省部级科技进步一等奖4项、二等奖6项、三等奖5项，中国专利优秀奖4项，山东省专利一等奖3项。

目前，公司已建有国家缓控释肥工程技术研究中心、复合肥料国家工程研究中心等高端研发平台，先后与山东农业大学、中国农业科学院、美国佛罗里达大学等40多家高校和科研院所开展交流合作，共同致力于新型肥料的研发与推广应用。

典范产品1：微生物菌剂

剂型	技术指标	登记证号
液体	有效活菌数≥20.0亿/mL	微生物肥（2020）准字（8678）号
粉剂	有效活菌数≥2.0亿/g	微生物肥（2018）准字（2612）号
液体	有效活菌数≥2.0亿/g	微生物肥（2018）准字（2623）号
颗粒	有效活菌数≥2.0亿/g	微生物肥（2018）准字（4562）号

产品特点

固体剂型含生防枯草芽孢杆菌和促生地衣芽孢杆菌复合菌群，液体剂型富含高活性根际促生解淀粉芽孢杆菌，施用后能够大量繁殖、有效抑制有害微生物的生长，减少土传病害发生，同时可改善土壤微生态环境，促进作物根系生长。微生物代谢过程中产生的活性酶能分解土壤中的有机废弃物，活化土壤中被固定的养分，提高土壤肥力。产品有效活菌数高，菌种活性强，富含黄腐酸钾等有机营养，快速激发土壤活力。

推广效果

本产品经过河北沧州、广西武鸣、辽宁锦州、山东济宁、云南红河等地大量农学试验验证后上市，通过多年的试验示范和推广应用，累计推广面积4.5万亩。使用后可明显减轻重茬问题，降低作物发病率，减少作物死棵现象，同时还可以提高品质，增加产量。蔬菜作物在减肥5%的基础上，产量提高12.1%，肥料利用率提高10%以上。连续使用对甜瓜根腐病、番茄枯萎病等土传病害的防效达到80%以上。

典范产品2：生物有机肥

剂型	技术指标	登记证号
粉剂	有效活菌数≥0.20亿/g；	微生物肥（2018）准字（4499）号
颗粒	有机质≥40.0%	微生物肥（2018）准字（4500）号
粉剂	有效活菌数≥5.0亿/g；	微生物肥（2019）准字（7052）号
颗粒	有机质≥45.0%	微生物肥（2019）准字（6709）号

产品特点

本产品给土壤补充大量有机养分和生防促生类芽孢杆菌，有效改善土壤微生态环境，促进土壤有机质的转化，改善土壤团粒结构，提高土壤保水保肥能力，提高肥料利用效率。产品养分配比合理、全面，可为作物快速补充有机、无机营养元素，除氮、磷、钾外，还科学添加益生菌群、有机养分，使作物生长更健康，有效提高作物产量和品质。

推广效果

本产品在山东省东营市盐碱地土壤修复项目中得到了大面积推广应用，对于改善土壤盐渍化、作物增产等表现出较好效果，同时在云南、贵州、广东、河北、广西、江苏、四川等18个省区进行了大面积推广应用，年销售30 000多t，在果树、蔬菜等经济作物上表现出了良好的效果。

典范产品3：复合微生物肥料

剂型	技术指标	登记证号
粉剂	有效活菌数≥0.2亿/g； 有机质≥40.0%	微生物肥（2018）准字（4701）号

产品特点

本产品给土壤补充大量有机、无机养分和生防促生类芽孢杆菌，有效改善土壤微生态环境，促进土壤有机质的转化，改善土壤团粒结构，提高土壤保水保肥能力，提高肥料利用效率。产品养分配比合理、全面，可为作物快速补充有机、无机营养元素，除氮、磷、钾外，还科学添加益生菌群、有机养分，使作物生长更健康，有效提高作物产量和品质。

推广效果

本产品在烟台苹果、潍坊蔬菜等农产品上推广效果显著，可以使苹果优果率提高10%以上，明显提高果实糖度，并有效缓解苹果大小年问题。在减肥10%的情况下，可以使西瓜亩产增幅达到23%，有效解决西瓜后期早衰及枯萎等问题，目前在山东、广西、四川、陕西、海南等地得到大面积推广和应用。经在香蕉、柑橘、黄瓜及花生等大田作物试验和应用，对提高产量和品质、减少土传病害方面均表现突出。

联系人	刘玉珍	联系电话	18291165056
传　真	0596-7665599	电子邮箱	704465176@qq.com
通信地址	福建省漳州市南靖县高新技术产业园区	网　址	无

山东京青农业科技有限公司

　　山东京青农业科技有限公司是山东省高新技术企业，主要从事微生物菌剂的研发、生产、试验推广、销售。公司自2001年创立以来先后与多家高校、科研院所建立长期合作关系，现已建成以谢联辉院士为核心的山东省院士工作站，并聘任多名国内外知名的专家教授担任顾问，研究课题涉及植物营养、植物病理、土壤学、微生物学等多个学科。

　　公司现获得授权专利23项，并通过了知识产权管理体系认证，2019年7月，益微、益生元、益普3个品牌4款产品获得"绿色食品生产资料"认证；公司所有产品均取得登记证号，产品广泛应用于水稻、马铃薯、苹果、人参、三七、柑橘、樱桃等70余种作物，推广面积超1 000万亩。

　　公司专注于为农户提供土壤及作物健康管理的整体解决方案，在防治果树、人参等中药材、蔬菜瓜果等的连茬障碍与提高作物抗逆性、提高产品品质、防治病害发生等方面均取得了良好成效。

典范产品1：益生元微生物菌剂

剂型	技术指标	登记证号
颗粒	有效活菌数≥2亿/g	微生物肥（2014）准字（1501）号

产品特点

　　本产品是由生防性微生物菌株枯草芽孢杆菌为主要原料的微生物菌剂，施用于土壤后通过大量繁殖有效抑制病原菌的生长，减少土传病害的发生，防烂根死苗，提质增产，同时可改善土壤微生态环境，生根、壮根、养根。

推广效果

　　本产品在马铃薯、苹果、人参、三七等作物上大面积推广应用，农户反馈使用效果很好，仅在苹果作物上年销售达9 000t。已基本解决苹果和樱桃等果树的栽植病问题，实现了老果园的快速更新，同时提高果品品质，实现农户的增产增收。基本实现人参等中药材的连续种植，解决了道地产区中药材已无地可种的困境，为道地药材的生产奠定了基础。

典范产品2：益微微生物菌剂

剂型	技术指标	登记证号
粉剂	有效活菌数≥300亿/g	微生物肥（2009）准字（0539）号

产品特点

1. 防病、促生。以菌抑菌，促进根系生长，增强作物抗病、抗逆能力，对根腐病、枯萎病、黄萎病等土传病害有显著防效。

2. 愈合伤口。加快作物伤口的愈合，防治伤口腐烂，防止病菌从伤口侵染导致的病害发生。

3. 增药效、解药害。与化学农药（农用链霉素除外）混合使用，显著提高药效，防止二次侵染，提高用药性，避免药害的发生。

4. 促增产。可在弱光、较低的二氧化碳、较低的水分情况下，仍能维持较高的光合作用，增加干物质的积累，防早衰，促增产。

推广效果

本产品在山东、河北、陕西、山西、辽宁、黑龙江、吉林、四川、浙江、广西等地均有推广应用，客户反映效果良好。大幅减轻大姜、草莓、大棚蔬菜等的连茬障碍问题，为产业的可持续发展，贡献了力量。有效减轻水稻障碍性冷害，多年的实践中增产幅度不低于10%；通过拌种和叶面喷雾，在多次严重的倒春寒中，有效地保障了作物的正常生长。在柑橘溃疡病的防治中，减少农药用量50%以上，防效显著提高，持效期延长1倍以上。

联系人	杨宏柳	联系电话	18844143315
传　真	0536-3552788	电子邮箱	yanghongliu@jingqingkeji.net
通信地址	山东省潍坊市青州市何官镇口普路 京青科技	网　址	www.jingqingkeji.com

山东黎昊源生物工程有限公司

山东黎昊源生物工程有限公司成立于 2002 年 3 月，是一家专门从事集多种微生物研制、开发、生产和销售为一体的高科技型龙头骨干企业。公司总投资 1.6 亿元，占地 146 亩，建筑面积 46 000m²，拥有国内一流的生产设备，拥有生产生物肥料各系列产品的先进设备，如微生物菌种培养室、微生物发酵反应生产线、菌剂吸附流水线、原液自动灌装流水线、低温造粒生产线、土肥实验室、农产品检测实验室。公司拥有国内一流的研发团队，研发中心先后获得 30 余项技术专利，先后荣获国家级星火计划项目、国家级"863"项目新型生物肥料研制与产业化试验基地、农业部科技进步三等奖、山东省科技进步一等奖、枣庄市科技进步一等奖、中国著名品牌、中国生物肥料十大品牌等荣誉，并通过 ISO 9001 质量管理体系认证。

典范产品1：微生物菌剂——益生元

剂型	技术指标	登记证号
颗粒	有效活菌数≥0.2亿/g；有机质≥40%	微生物肥（2018）准字（2878）号
粉剂	有效活菌数≥0.2亿/g；有机质≥40%	微生物肥（2006）准字（0286）号

产品特点

本产品可调理土壤、平衡酸碱度、降低化肥农药残留、改善土壤板结；改良疏松土壤、增加土壤有机质、促进土壤团粒结构形成，保水保肥、抗旱、耐涝；提高肥料利用率，减少化肥用量，降低生产成本，改善产品品质，使果实表光好、产品品质好、耐储存、商品率高。

推广效果

本产品在全国多个地区进行了大面积推广应用。微生物在土壤中繁殖后，能有效控制土传病虫害的发生，起到防治病虫害作用，还可以有效提高农作物的糖分含量，提高农作物品质及增产 10% ~ 30%。

典范产品2：土壤修复菌剂

剂型	技术指标	登记证号
粉剂	有效活菌数≥2.0亿/g；有机质≥20%	微生物肥（2019）准字（7406）号
颗粒	有效活菌数≥2.0亿/g；有机质≥20%	微生物肥（2020）准字（8841）号

产品特点

本产品菌体产生的胞外多糖促进土壤团聚体的形成，提高土壤水稳性团集体的数量和质量，改善土壤结构。降低土壤容重，提高土壤孔隙度、水稳性团聚体、毛管水含量，修复土壤。

推广效果

本产品在全国多个土壤修复项目中进行了大面积试验推广，通过在各种作物试用结论得出，大田作物可增产 10%、经济类作物上可增产 20%～30%。具有提高作物产量、改善农产品品质及防治土传病害等作用。

典范产品3：微生物菌剂

剂型	技术指标	登记证号
液体	有效活菌数≥20亿/mL	微生物肥（2017）准字（2380）号
液体	有效活菌数≥2亿/mL	微生物肥（2016）准字（1995）号

产品特点

本系列微生物菌剂具有养根、护根、增根、壮根，以及防治烂根死棵的效果，还可抗盐碱、抗线虫，调理土壤酸碱度；提高产品品质、降解农药化肥残留、分解重金属，防治农作物病害等作用。

推广效果

本产品经过 3 年多的试验示范和推广应用，累计推广近亿亩。试验证明，使用该产品可在果树减肥 10%的基础上，使平均单果重增加 13.3%，糖度提高 9.8%，产量提高 12.32%，肥料利用率提高 12.17%。

联系人	孙延红	联系电话	15263295600
传　真	0632-2980098	电子邮箱	115101407@qq.com
通信地址	滕州市峄庄工业园区	网　址	www.sdlhy.com/

山东米高生物科技股份有限公司

山东米高生物科技股份有限公司是由苏州东洋化肥有限公司与高密市高农生产资料连锁有限公司公司合资设立，公司位于山东省高密市。美丽的高密市具有良好的区位优势和便利的交通条件。东临旅游名城青岛，西依世界风筝古都潍坊。境内胶济铁路、胶新铁路、济青高速公路、省道潍胶公路、平日公路、胶王公路纵横贯穿，高等级公路四通八达，连接济南、青岛、潍坊、烟台、日照等开放城市和港口城市，距青岛新机场50km，距潍坊机场不足70km，厂区周围四面环路，与外界往来十分方便。

公司注册资金 2 000 万元。一期占地面积 27 639m²，二期扩大到 68 000m²，项目生产、销售有机－无机复混肥、优质菌肥、氨酸法复合肥、配方掺混肥、功能型复合肥、水冲肥、叶面肥等。年生产能力 26 万 t，库存能力 10 万 t。

典范产品1：活性腐植酸螯合肥系列产品

产品特点

本产品采用特殊工艺将腐植酸进行活化，并螯合进中微量元素和有益菌，2 000 万有益菌在富含腐植酸的土壤中 30 天就能生长成 5 亿个。产品营养全面，能促进土壤团粒结构的形成，提高土壤保水保肥能力和肥料的利用率，刺激作物生理代谢，促进作物生长发育，增强作物抗逆性，提高作物产量和品质。

该类产品适用于各类土壤的底肥和追肥，用后能明显提高作物的产量和品质。

典范产品2：15-5-10有机无机复混肥

产品特点

本产品含有机质20%。应用在苹果、梨、桃等果蔬产品中，使果实含糖量、维生素含量都有提高，口感好，植株长势粗壮，叶色浓绿，开花提前，坐果率高，果实商品性好，上市时间提早。用在瓜果蔬菜上，能增强作物抗病性和抗逆性，减轻作物因连作造成的病害和土传性病害，降低发病率；对花叶病、黑胫病、炭疽病等的防治都有较好的效果，同时增强作物对不良环境的综合防御能力，能使农产品增产，提高果蔬品质，使果品色泽鲜艳、个头整齐、成熟时间集中。

联系人	刘志勇	联系电话	13371095567
传　　真	无	电子邮箱	306538611@qq.com
通信地址	山东省高密市大牟家镇驻地	网　　址	无

山东思科生物科技有限公司

　　山东思科生物科技有限公司位于山东省滨州市邹平市长山镇,距离济青高速周村(长山)收费站仅2.5km,距离济青高铁邹平站仅18km,交通便利。主要从事有机水溶肥料、生物有机肥、大量元素水溶肥、中微量元素水溶肥、土壤改良剂的生产、销售及相关的技术服务。

　　公司被认定为国家高新技术企业,通过ISO 9001国际质量管理体系认证,获得山东省2019年度科技进步二等奖,多年连续荣获滨州市守合同重信誉企业称号。公司拥有一支强有力的技术研发团队,与山东省农业科学院资环所、山东农业大学、滨州学院等科研院所有紧密联系或合作关系。车间拥有8条生产线,自动化程度高,具备年产10万t的产能。公司拥有多项专利,注册商标10余个,产品销往全国各地,深受用户的好评。

典范产品1: 优素雷牌中量元素水溶肥料(有机型)

【技术指标】钙 ≥ 120g/L;镁 ≥ 10g/L;有机质 ≥ 100g/L

【执行标准】NY 2266—2012

产品特点

　　本产品特别添加了多肽、氨基酸、寡糖等功能性物质,具有钙、镁、有机质等养分含量高的特点。本产品的优点是有机螯合的钙镁元素比单纯的钙镁更容易被作物吸收利用,可以有效防治作物因为缺钙引起的根系发育不良、苦痘、痘斑、裂口、脐腐等生理问题。

使用方法

　　茄果类作物每亩冲施15kg,连续冲施3次,可以增加果实硬度和表面光泽,使果实耐运输,延长果实货架期,亩产增收9%以上。长期施用可以提高土壤有机质,使板结的土壤变得疏松,提高土壤的保水保肥能力。

典范产品2：大可以牌含腐植酸水溶肥料

【执行标准】NY 1107—2010

产品特点

本产品特别添加矿源黄腐酸，其分子量较小，具有芳香族、脂肪族及多种官能团结构。产品养分含量高，水溶性好，功能性强，在满足作物所需的营养物质的同时，还能够改良土壤，改善土壤团粒结构，促进根系生长，从而达到作物抗逆的效果。pH 在 7.5 左右，不会酸化土壤，反而能够在一定程度上改良酸化土壤。

使用方法

每次亩施 15kg，连续冲施 5 次，种植一茬作物后，比施用普通同等含量的大量元素水溶肥料的土壤 pH 高 0.2 以上。

典范产品3：挑战者牌聚谷氨酸型有机水溶肥料

【技术指标】有机质 ≥ 100g/L；$N+K_2O ≥ 60g/L$

【执行标准】Q/SK002—2018

产品特点

本产品是以大豆渣、玉米等纯粮食原料经过先进的发酵技术发酵，并添加海藻酸精制而成的一种高活性有机水溶肥料，无任何重金属等有害物质，不含植物生长调节剂，pH 在 7 左右，不会造成土壤酸化。内含丰富的全水溶有机营养，主要成分为多种复合植物小分子氨基酸、多肽等，活性比传统有机肥提升数倍，无需转化，更易被农作物吸收利用，能促进作物毛细根发育，提高根系对养分的吸收，让作物生长更加健壮。本产品提高氮磷钾利用率30%以上，并能促进钙、硼、锌、铁等中微量元素的吸收，减轻由缺素引起的各种生理性病害。富含的多种有机营养可有效提高果实表光，增加糖度及口感，促进着色，提高商品果率。

联系人	王明洋	联系电话	1805439839
传　　真	0543-4859007	电子邮箱	sikeshengwu2009@126.com
通信地址	山东省滨州市邹平市长山镇	网　　址	www.sdsksw.cn

山东四季旺农化有限公司

　　山东四季旺农化有限公司是一所集农业科研、开发、推广、生产贸易为一体的外向型高科技合资企业。公司位于山东省安丘市南边，占地30亩，是山东省植物保护协会常务理事单位，潍坊市农业生产资料协会常务理事单位，是国家新型肥料定点企业，"四季旺"商标于2016年获得山东省著名商标的荣誉称号。

　　公司自1996年创建以来，始终以信誉为根本，以质量求发展，致力于绿色生态农业研究与发展，凭借雄厚的技术力量，经过十几年的辛勤开拓，已经形成了立足山东、深入全国、拓展海外的战略格局。现已形成四季旺微量元素全水溶肥料、大量元素全水溶肥料、冲施肥料、有机肥料、生物菌肥、中微疏控等十几个系列数千个品种，年产销肥料达数万吨。

　　公司成立20余年来，一直秉承服务"三农"的企业宗旨，认真贯彻落实党中央国务院和省委省政府的有关方针政策，为安丘市农业生产资料供应、平衡市场供求、稳定市场价格、支农救灾等方面做出了巨大贡献，为安丘市农业增产、农民增收做出了应有的贡献。

典范产品1：国采1号生物菌肥

产品特点

　　1.改良土壤团粒结构，降低土壤容重，增加土壤孔隙度，增强土壤通透性，增强土壤保肥保水能力，减少水土流失。

　　2.提高土壤基质渗透性，提高土壤保肥供肥能力和肥料利用率，增强作物抗旱能力降低生产成本，减少化肥污染。

　　3.促进作物根系生长和种子发芽，提高作物的生长速度和对养分的吸收利用率，降低土壤中硝酸盐等有害物质含量，减少土传病害的发生。

　　4.改良、疏松、通透、调整土壤，促使作物根系发达，生长健壮、叶色浓绿。

典范产品2：金硅子桶肥

产品特点

1. 本品含有的多种生物酶可分解拮抗物质，抑制土传病菌侵染和线虫生长，缓解重茬连作障碍。

2. 松土透气，防沤根死苗，对根腐病、茎基腐病、青枯病、黄枯萎病、病毒病、根线结虫有抑制功效。降低盐基离子含量，缓解酸碱危害。保肥保水，减少养分流失，提高肥料利用率。

3. 提高碳氮比和光合作用，叶片浓绿，株壮叶茂，保花果多，无畸形果，色泽亮，口感好，真正提高农产品质量和产量。

4. 提高土壤的离子交换能力，增加土壤的保肥力，可使作物在施肥期间保留较多的营养物质。

典范产品3：大量元素水溶肥

本产品是运用先进复配工艺研发生产的全水溶高浓度大量元素水溶肥。

产品特点

1. 微量元素螯合态（EDTA、DTPA）、充分发挥作用，不会拮抗，不产生缺素或过剩症状。

2. 既含作物生长所需要的大量元素，还添加多种螯合微量元素，提供全面营养，吸收利用率高。预防作物多种缺素症状，适合作物整个生长期使用。

联系人	洪霞	联系电话	18853626022
传　真	0536-4225757	电子邮箱	sijiw@163.com
通信地址	山东安丘市永安路南首	网　址	www.sijiwang.com

山东土秀才生物科技有限公司

山东土秀才生物科技有限公司成立于 2009 年 6 月 25 日，是集微生物肥料、水溶肥料及土壤调理剂研发、生产、销售、服务为一体的高新技术企业、农业龙头企业。2019 年实现销售额 1 亿多元。

公司建有企业技术中心等研发平台，共承担国家级、省级研发和科技成果转化项目 10 多项；授权国家发明专利 3 项、实用新型专利 6 项、申请受理发明专利 10 项，并通过了企业知识产权管理规范管理体系认证，获山东省专精特新企业、山东省研发中心、山东省创新企业、济南市质量奖、济南市优秀创新团队等多项荣誉。目前公司获批肥料登记证 38 项。

公司积极进行技术创新和产品研发，形成了高效的产学研模式，并致力于改善中国土壤理化状况，为客户提供一流的微生物产品及其解决方案。

典范产品1：微生物菌剂——益生元

剂型	技术指标	登记证号
颗粒	有效活菌数≥0.2亿/g；N+P$_2$O$_5$+K$_2$O=16.0%；有机质≥50.0%	微生物肥（2016）准字（5894）号
颗粒	有效活菌数≥3亿/g；N+P$_2$O$_5$+K$_2$O=15%；有机质≥50%	微生物肥（2019）准字（7005）号

产品特点

本产品采用专利技术，甄选高品级豆粕、大豆磷脂、玉米胚芽粕、烟沫等有机原料，结合复合有益微生物、次生代谢产物、大中微量元素，科学搭配而成的复合微生物肥料。具有五肥一体、四效合一，改良土壤、培肥地力，趋避地下害虫，促进作物根系生长，促使植株健壮，提高作物品质和产量的特点。

推广效果

本产品在山东、河南、广西等地得到了大面积推广，通过在蔬菜、果树等作物上的大面积应用表明，施用该肥料后，可直接增加土壤中功能微生物、次生代谢产物及多种大中量元素等养分。改善土壤理化性状，培肥地力，趋避地下害虫。尤其对提高作物抗土传病害效果突出，增产提质效果显著。

典范产品2：生物有机肥

剂型	技术指标	登记证号
颗粒	有效活菌数≥0.2亿/g；有机质≥50.0%	微生物肥（2016）准字（2025）号
颗粒	有效活菌数≥10.0亿/g；有机质≥50.0%	微生物肥（2019）准字（6999）号

产品特点

以深海鱼虾类、贝类及海藻类等海洋生物有机原料为载体，接入多种有益菌种，科学配比钙、硼、锌等中微量元素，添加楝素及稀土元素，集解磷解钾、改良土壤、生根壮苗、抑菌抗病、提高品质等功能于一体。富含深海鱼藻类动植物蛋白，养分丰富、易吸收、见效快，改善作物自身免疫能力，提高抗逆性，增强光合作用。

推广效果

本产品在山东、河北、新疆、广西等地进行了大面积推广应用，在果树、蔬菜等经济作物上表现抗重茬、增产增效的良好效果。

典范产品3：微生物菌剂

剂型	技术指标	登记证号
粉剂	有效活菌数≥20.0亿/g	微生物肥（2018）准字（5596）号
粉剂	有效活菌数≥2.0亿/g；胞外多糖≥1.0mg/g；有机质≥15.0%	微生物肥（2018）准字（6310）号

产品特点

本产品甄选高浓缩复合菌种及丰富的微生物次生代谢产物，减少土传病害，为作物健康生长提供保障。采用高品质矿源黄腐酸作为有益菌载体，促进新梢及叶片生长，刺激植株生长发育。富含多种有机活性基团，为微生物及作物生长提供速效易吸收的小分子碳基营养，显著提高肥料利用率；促进光合作用，增加果品含糖量。本品在生根养根，促长抗逆，增产提质，节肥降盐方面效果明显。

推广效果

本产品在山东、广西、新疆、河南等多地进行了大面积推广，产品营养全面，广泛用于烟草、瓜果蔬菜等各种作物，在生根养根，促长抗逆，增产提质、提升口感方面效果明显。

联系人	刘翠杰	联系电话	18668960336
传　真	0531-88904276	电子邮箱	18668960336@163.com
通信地址	山东省济南市历城区七里河路科技佳苑1号楼2层	网　址	www.tuxiucai.net

山东外联生物技术有限公司

山东外联生物技术有限公司生产基地位于山东省济南商河（省级）化工园区，占地面积超2万 m²。8栋厂房占地面积8 000m²，办公楼、研发中心3 000m²，公司主营业务微生物菌剂、土壤改良、植物营养新型肥料产品的研发、生产、销售和技术服务。公司与山东农业大学、山东省农科院、安徽农业大学建立了产、学、研基地，在人才培养，技术研发，项目承接等方面进行深入合作。

典范产品1：微生物菌剂

剂型	技术指标	登记证号
液体	多粘类芽孢杆菌、枯草芽孢杆菌，有效活菌数≥10.0亿/mL	微生物肥（2020）准字（8970）号
颗粒	多粘类芽孢杆菌、枯草芽孢杆菌，有效活菌数≥10.0亿/g	微生物肥（2020）准字（8971）号
粉剂	多粘类芽孢杆菌、枯草芽孢杆菌，有效活菌数≥10.0亿/g	微生物肥（2020）准字（8972）号

产品特点

本品为功能性微生物菌剂，富含多粘类芽孢杆菌、枯草芽孢杆菌，能激发根系活力，分泌激活因子，修复伤根、弱根，在根际周围形成根际微生物保护膜，促进根系养分的吸收和发育，同时也可抑制土壤有害菌，提升根系对干旱、盐害、冻害等逆境的适应能力，从而起到抗重茬、抗逆的作用，使得土壤恢复良好的生态功能。

典范产品2：微生物菌剂

剂型	技术指标	登记证号
颗粒	枯草芽孢杆菌、哈茨木霉，有效活菌数≥10.0亿/g	微生物肥（2020）准字8974号
粉剂	枯草芽孢杆菌、哈茨木霉，有效活菌数≥10.0亿/g	微生物肥（2020）准字8975号

产品特点

　　本品的作用方式，包括竞争作用、拮抗作用、寄生作用、诱导植物抗性。使用后哈茨木霉菌的菌丝感应到寄主（有害菌）分泌的凝集素而趋向寄主生长，凝集素可以结合哈茨木霉菌细胞壁上的半乳糖残基，哈茨木霉菌通过这个位置侵入寄主，导致有害菌因为细胞膨胀压降低而崩解。本产品可有效地抑制有害菌的定殖，从而起到促进作物生长，高抗重茬，提高品质，增产增收。

山东外联生物技术有限公司

典范产品3：微生物菌剂

剂型	技术指标	登记证号
粉剂	枯草芽孢杆菌，有效活菌数≥10.0亿/g	农肥（2020）准字8967号
粉剂	枯草芽孢杆菌，有效活菌数≥10.0亿/g	农肥（2020）准字8968号
颗粒	枯草芽孢杆菌，有效活菌数≥10.0亿/g	农肥（2020）准字8969号

产品特点

　　本品是全新功能型海藻复合菌剂，对于土传病害有极佳的预防效果，并能通过改良土壤提高土壤的保水保肥能力，从而使作物更好地吸收产品所含的全部养分，对于产量提升和品质改良有突出效果，能通过直击作物的根部病害以及根系土壤问题起到增产提质作用。

联系人	李建民	联系电话	13805315309
传　真	0531-88607795	电子邮箱	yorknh@163.com
通信地址	山东省济南市商河县经济开发区汇源街12号	网　址	无

世多乐（青岛）农业科技有限公司

　　世多乐集团创立于 1970 年，总部位于美国休斯敦市，是一家全球性的跨国集团。自创立以来，集团凭借严谨的科学研究、丰富的知识资源和领先全球的创新技术与产品，历经近 50 年的耕耘，现已在全球建立了 24 家分公司，并为全球 60 多个国家和地区的生产者提供最卓越的服务和最有效的解决方案。世多乐集团作为植物健康的领导者，将继续为全球农业生产者提供更多开创性的解决方案。

　　世多乐（青岛）农业科技有限公司，是世多乐集团的全资子公司，目前已从集团引进 30 多款优秀产品和全套的作物解决方案，帮助中国的种植者提质增收。作为植物健康领域的引领者，世多乐中国致力于中国的农业解决方案，为中国消费者提供更健康更安全的食品。

典范产品1：哈维

　　本产品为采用美国世多乐专利技术生产的大量元素水溶肥产品，同时含有 N、P、K、Ca、Mg、Zn、B 等多种作物生长所需的营养元素，充分调配各种元素配比，使养分能相互促进吸收，可满足作物全方位的营养需求。

产品特点

　　本产品有效成分含量高，产品纯净、安全，不含激素；速溶性强、混配性好，施用方便；水不溶物含量低，可用于滴灌、喷施；溶解后呈弱酸性，更有利于作物的有效吸收利用。降低盐基离子含量，缓解酸碱危害。保肥保水，减少养分流失，提高肥料利用率。提高碳氮比和光合作用，使叶片浓绿、株壮叶茂，花果多，无畸形果，果实色泽亮、口感好，真正提高农产品质量和产量。提高土壤的离子交换能力，增加土壤的保肥力，可使作物在施肥期间保留较多的营养物质。

推广效果

　　通过山东省农业科学院资源与环境研究所在不同地区番茄上的田间试验结果表明，施用该产品能有效增大作物叶面积，显著增加果实固形物含量、降低硝酸盐含量、增加番茄糖度；产量较对照增加 724kg/ 亩，增加8.98%,投入产出比达 1：8.62,增产增收效果显著。

典范产品2：钙硼

　　本产品为美国世多乐专有有机螯合技术生产的中量元素水溶肥，取得美国有机 OMRI 认证；产品同时含有钙 100g/L、硼 1 ～ 10g/L 两种中微量元素。

产品特点

本产品易铺展,可快速穿透作物蜡质表皮,吸收利用率更高;能有效避免因缺钙、缺硼而引起的作物生理性疾病,如苦痘病、花腐病等;钙硼同补,增强钙在作物体内的移动,增加作物对硼元素的安全吸收阈值,提升作物对钙和硼的吸收利用率,避免中毒现象的发生;有效解决收获及储运期的果实软化问题、延长货架期及储运期。

推广效果

通过山东省农业科学院资源与环境研究所在不同地区番茄上的田间试验结果表明,通过叶面喷施该产品,可增大作物叶面积、增大果径、增加含糖量、降低酸度,并能提高果实硬度,防裂果;亩产量增加 728kg,增加 12.96%,投入产出比达 1:9.58,具有显著的增产增收效果。

典范产品3:纽萃特

本产品为采用美国世多乐专有有机螯合技术生产的多元微量元素水溶肥,取得美国有机 OMRI 认证;产品同时含有 Cu、Fe、Mn、Zn、B、Mo 等多种微量元素。

产品特点

本产品有效成分高,总含量超过 100g/L,化学性质稳定,混配好,可与大部分常见农药混合使用,且不会污染环境。易铺展,能够快速被作物吸收利用,有效防治作物的综合缺素症状,也可以解决因不明具体缺素种类而引起的作物缺素问题。

推广效果

通过山东省农业科学院资源与环境研究所在不同地区番茄上的田间试验结果表明,该产品可增大叶面积、增大果径、增加果实含糖量,并能有效防止各类缺素症状;亩产量增加 546kg,增产 9.73%,投入产出比达 1:5.15,说明该产品对于作物生长及果实产量和品质提升效果明显。

联系人	师日鹏	联系电话	15129234972
传　真	0532-55675477	电子邮箱	nelsonshi@stollerchina.com
通信地址	山东省青岛市城阳区河套出口加工区	网　址	www.stollerchina.com

潍坊市华滨生物科技有限公司

潍坊市华滨生物科技有限公司成立于 1998 年，一直从事微生物技术及产品的研发、生产及推广应用工作，推出的华滨功能微生物菌剂及岛本酵素系列产品均获得良好市场反馈。

2016 年，公司联合潍坊岛本微生物技术研究所总结 20 余年酵素菌技术科技成果，结合现代农业发展需要，通过《科技经济导刊》发表科技论文《酵素农业的提出及其在现代农业中的作用》，在国内首次提出发展"酵素农业"的倡议。通过科技局成立酵素农业科技开发重点实验室作为酵素农业科技研发平台，发表专著《中国酵素菌技术》（中国农业出版社）作为酵素农业发展的理论基础，完成了以"酵素农产品 GAP 标准化生产体系建设"和"新型酵素微生物套餐肥的研制及示范推广"为代表的酵素农业相关科技成果 5 个，均达到"国内领先"水平，项目分别荣获科技进步奖或山东省农牧渔业丰收奖。

酵素农业的推广及岛本酵素套餐肥的科学应用取得了很好的经济效益和生态效益，为现代农业的品质化发展提供了一套切实可行的生产方式和管理办法。

典范产品1：岛本酵素微生物菌剂（固体）基肥产品

产品名称	剂型	技术指标	登记证号
岛本酵素·扩繁菌肥	粉剂	有效活菌数≥2.0亿/g	微生物肥（2012）准字（0931）号
岛本酵素·颗粒菌剂	颗粒	有效活菌数≥8.0亿/g	微生物肥（2018）准字（4129）号
岛本酵素·扩大菌	粉剂	有效活菌数≥100.0亿/g	微生物肥（2020）准字（8733）号

产品特点

"岛本酵素扩繁菌肥"是优选复合菌群及优质有机物料，采用纯发酵工艺生产而成，有益菌群外同时含有大量对土壤及作物生长有益的代谢产物。增加土壤有益微生物，优化土壤菌群结构，预防土传病害；平衡土壤养分，增强保肥保水，促进根系生长，促进养分吸收，增强抗逆性；提高肥料吸收利用率，并分解土壤固化养分重新吸收利用，减少化肥农药使用量。

"岛本酵素扩大菌"可以满足部分基地自制发酵堆肥使用要求，也可以用于秸秆还田、畜禽粪便处理、尾菜发酵处理等循环农业中，实现资源再利用、无害化处理及土壤改良。

典范产品2：岛本酵素微生物菌剂（液体）

产品名称	剂型	技术指标	登记证号
岛本酵素·微生物菌剂	液体	有效活菌数≥2.0亿/mL	微生物肥（2010）准字（0628）号

产品特点

岛本酵素菌根菌促进根系生长，养根护根，使植株健壮，防止弱苗，提高成活率。可消除除草剂、激素等危害。根系生长不良、烧苗等情况下使用本品，有良好的恢复效果。岛本酵素·岛本1号，稀释500～800倍液叶面喷施。提高作物光合作用，叶片绿厚，增强作物抗逆性；保花保果，靓果增色，提升品质；防止病害及缺素症状，降解药残，解除药害。

典范产品3：微生物菌剂

产品名称	剂型	技术指标	登记证号
淡紫拟青霉	粉剂	有效活菌数≥2.0亿/g	微生物肥（2013）准字（1237）号
淡紫紫孢菌	液体	有效活菌数≥2.0亿/mL	微生物肥（2018）准字（3220）号
岛绿色木霉	粉剂	有效活菌数≥2.0亿/g	微生物肥（2014）准字（1458）号
苏云金芽孢杆菌 细黄链霉菌	粉剂	有效活菌数≥2.0亿/g	微生物肥（2018）准字（3218）号

产品特点

1.营养作物，促进根系生长，保根护根，预防根腐、茎基腐等真菌细菌性病害。

2.对种子萌发与生长有促进作用，使苗全苗旺。

推广效果

公司是首个获得农业部淡紫拟青霉微生物菌剂登记证的企业，经过十余年的推广应用，淡紫拟青霉的使用已经得到市场公认。大量生态基地试验可以有效预防线虫为害。

联系人	苏晓艺	联系电话	13864616863
传　　真	0536-2289286	电子邮箱	2670810975@qq.com
通信地址	山东省潍坊市奎文区文化南路2600号	网　　址	www.Sdhbsw.com

沃地丰生物肥料科技（山东）股份有限公司

沃地丰生物肥料科技（山东）股份有限公司成立于 2000 年 7 月，是一家以中国农业科学院和山东省农业科学院为技术依托，专业开发生产绿色无公害专用肥料的高科技企业。公司长期致力于微生物菌种、微生物菌肥、新型肥料的研制与开发，是国内较早生产新型生物肥的专业厂家，产品质量均高于国家肥料检测标准。

公司先后获国家级星火计划项目、国家级"863"项目新型生物肥料研制与产业化试验基地、农业农村部科技进步三等奖、山东省科技进步一等奖、枣庄市科技进步一等奖、中国著名品牌、中国生物肥料十大品牌等荣誉，并通过南京国环有机投入品评估认证和 ISO 9001 质量管理体系认证与 ISO 14001 环境管理体系认证。

典范产品1：微生物菌剂

剂型	技术指标	登记证号
粉剂	有效活菌数≥2亿/g	微生物肥（2017）准字（2251）号
粉剂	有效活菌数≥5亿/g	微生物肥（2017）准字（2173）号
颗粒	有效活菌数≥10亿/g	微生物肥（2018）准字（4560）号

产品特点

本产品系国家"863"项目"新型生物肥料研制与产业化"项目组专家精心选育的活力强、抗逆性好的微生物菌种。采用国际先进培养、扩繁技术，通过离心干燥等创新工艺生产的高菌量、高活性微生物菌剂，与各种常用化肥、有机肥配施，显著提高肥料的利用率，减少化肥用量，使氮、磷、钾等各种养分能够满足作物各生育期的要求。还能持续分泌作物所需要的多种生长素和抗细菌、抗真菌的抗生素，有效抑制土传病害发生。根据不同土壤、不同作物，与各种肥料配方施肥，可节肥增效，调理修复土壤，实现优质、稳产、高产。本产品同时富含多种微生物、氮磷钾和有机质，农民使用方便简单。

推广效果

本产品在果蔬类、蔬菜类、瓜类、粮食作物、油料作物、棉花、药材、花卉、茶叶、烟草等作物上的大面积应用，普遍反映在提高作物产量、改善农产品品质及防治土传病害方面具有明显效果。

典范产品2：土壤修复菌剂

剂型	技术指标	登记证号
粉剂	有效活菌数≥2.0亿/g；有机质≥20%	微生物肥（2018）准字（6315）号
颗粒	有效活菌数≥2.0亿g；有机质≥20%	微生物肥（2020）准字（8834）号

产品特点

本产品是针对土壤恶化严重，结构黏滞、容重高、通气性差，土壤中好气性微生物活化性差，养分释放缓慢，渗透系数低等情况精心研制的高活性复合土壤修复改良菌剂。本产品内含解淀粉芽孢杆菌、乳酸菌、胶冻样芽孢杆菌、枯草芽孢杆菌、酵母菌等多种活性微生物，更特别添加胞外多糖、有机质等有效成分，可使土壤内有益菌大量增加，通气性加强，解决土壤板结问题，有效改良土壤环境，达到修复、健康土壤的效果。菌体产生的胞外多糖促进土壤团聚体的形成，提高土壤水稳性及集体的数量和质量，改善土壤结构。降低土壤容重，提高土壤孔隙度、水稳性团聚体、毛管水含量，土壤总盐分含量显著降低。解磷固氮解钾，活化养分，提高肥料利用率。

典范产品3：微生物菌剂

剂型	技术指标	登记证号
液体	有效活菌数≥20亿/mL	微生物肥（2017）准字（2379）号
液体	有效活菌数≥10亿/mL	微生物肥（2017）准字（2181）号

产品特点

本产品通过科学配比，经多次充分发酵腐熟精制而成，能够促进作物根系发育，提高作物产量，解决施肥不增产、用药无效果、烂根死棵难解决的问题。是生产无公害、绿色、有机农产品的新型高效保根型微生物菌剂。

推广效果

本产品在山东、陕西、江西、广西、贵州等地进行了大面积推广应用，目前通过渠道年销售 50 000t，在果树、温室蔬菜等经济作物上表现出了良好的效果，亩增产 10.1% ~ 12.3%。

联系人	渠莹莹	联系电话	18263269978
传 真	0632-2980098	电子邮箱	915216365@qq.com
通信地址	山东省滕州市峄庄金土地工业园区	网 址	www.sdwdf.com.cn

中化山东肥业有限公司

中化山东肥业有限公司成立于 2004 年 3 月，位于山东临沂经济技术开发区，占地面积 889 亩，注册资金 1 亿元，是由中化化肥在临沂设立的集生产制造、技术研发和农化服务为一体的肥料制造企业。公司配备喷浆、熔体、氨化、水溶肥、缓控释等多元化生产工艺，年产能达到 70 万 t，可供应包括通用肥、螯合肥、水溶肥、缓控释肥、硝硫基、作物专用肥系列的共计 60 多个品类的产品，并为农民提供全方位、立体化作物营养套餐和专业农业服务，在多个领域处于行业领先地位。

公司秉承"科学至上"发展理念，紧紧围绕市场需求，多维拓展，多点驱动，在本质安全、节能环保、科技创新、自动化改造等方面开展改造提升工作，累计申获专利技术 20 余项，参与省、市级技术创新项目 50 余项。通过环保生态肥料认证，质量、环境和职业健康安全管理体系认证，国际 P&S 产品管理认证。是省级企业技术中心和标准创新贡献奖企业，获"市长质量奖"，并多次荣获当地政府颁发的"功勋企业"称号，为当地经济发展做出了重要贡献。

典范产品1：复合肥料

公司已有螯合肥系列、菌越系列、蓝麟全水溶系列、蓝精灵海藻酸系列、脲醛长效缓释系列、稳定性系列、土调系列等十大系列差异化复合肥。

蓝麟全水溶系列引入先正达冠无双高科技生物激活剂，富含螯合中微量元素、全水溶黄腐酸钾和促根因子；采用大量元素水溶肥原料生产，溶解速度快，无残渣，达到颗粒水溶肥品质。

螯合肥系列引进经科技部鉴定达到国际先进水平的第三代螯合技术，提升微量元素在土壤中的有效性，针对主要作物推出麦丰保、稻花香、薯先锋、金花生等专用螯合肥产品，针对性改善各类作物的缺素症状。

菌越系列根据目标作物从九大菌群系列中筛选组合搭配菌剂包，同时引入微胶囊技术提升菌剂对温度、酸碱度、盐分等环境的适应性，引入促芽孢技术促进产品施入土中快速定殖，改善根际微生态环境，分泌天然活性物质刺激作物根系生长，活化根际营养成分促进根系吸收养分。

典范产品2：掺混肥料

公司有适用于水稻、玉米、果树、蒜姜等作物的控释掺混肥，根据作物养分需求特点、主要种植区土壤养分及施肥方式进行科学设计氮磷钾配比，采用达到控释肥料标准的聚氨酯包膜尿素进行掺混生产。

水稻控释掺混肥系列，根据水稻插秧至灌浆期各阶段的养分需求特点，设计养分释放曲线拟合水稻需肥曲线，采用防漂浮氮控释技术，同时引入脲醛长效缓释技术、氮素分步控释技术，颗粒均匀圆整强度高，满足机械插秧施肥一体化需求。

中化山东肥业有限公司出品

　　玉米控释掺混肥系列，根据玉米全生育期各阶段养分吸收曲线，科学引入氮分步控释技术、脲醛长效缓释技术及氮磷钾大中微养分吸收特点，科学设计产品，产品施入土壤后前期释放均匀，后期释放持久。

典范产品3：水溶肥料

　　公司有大量元素水溶肥、磷酸二氢钾、氨基酸水溶肥、腐植酸水溶肥等系列特种肥料，可年产粉剂水溶肥3万t及液体水溶肥5万t。

中化山东肥业有限公司出品

　　粉剂水溶肥采用食品级磷酸二氢钾、工业级磷酸一铵等全水溶原料生产，产品快速完全溶解于水中，无残渣，高品质，达到FCO标准，不含激素。有硝态氮、铵态氮，速效长效相结合，同时根据作物不同生长时期需求添加镁、锌、硼等螯合态中微量元素。另有采用膨化工艺生产的含锌硼的升级版磷酸二氢钾，可满足滴灌、喷灌及飞防的各项要求。

　　腐植酸水溶肥采用富含芳香烃活性官能团的全水溶矿源腐植酸进行生产，根据平衡施肥原理和果树类作物需肥特点设计，含有作物各生育期必需的氮磷钾及有机质、腐植酸等，可改良土壤、促进根系生长。同时产品可有效抗50度硬水絮凝，抗低温结晶，产品不分层不胀气。

　　氨基酸水溶肥采用含18种氨基酸的优质氨基酸原料进行生产，同时根据作物需求添加各种中微量元素，可促进土壤团粒结构形成，根际有益菌群增加，疏松土壤，解磷固氮解钾，提高化肥肥效，提升作物对各类逆境的适应能力。

联系人	李琳	联系电话	13864967987
传　真	0539-6016555	电子邮箱	Lilin2@sinochem.com
通信地址	山东省临沂经济开发区翔宇路61号	网　址	无

住商肥料（青岛）有限公司

　　住商肥料（青岛）有限公司是青岛碱业发展有限公司与日本住友商事株式会社合资设立的国内首家采用脲甲醛合成工艺生产高品质、差别化的复合肥生产企业，于 2004 年 8 月 3 日正式注册成立，拥有各类专业技术及营销人员 100 余名，是住友商事在中国投资的第一个肥料项目。

　　公司通过引进日本具有世界先进水平的脲甲醛缓释生产工艺，采用日本的管理模式，坚持把品质、质量放在第一位的经营理念，生产符合国家质量标准的速效、中效和长效相结合的复合肥料，确立了在中国高端复合肥的领先地位。

　　为支持中国高效农业的发展，满足市场对高浓度复合肥不断增长的需求，公司始终致力于研究开发绿色、无公害高浓度复合肥产品，公司投巨资配备农化服务设施，培训农化服务人才，坚持全心全意为农民服务的农化服务理念，积极推动科学施肥，科学种植，保护耕地，增产增收的农业可持续性发展模式，倡导减少耕地营养流失、绿色环保的科学施肥新观念。

　　公司不断致力于提高产品质量，严格执行《肥料中砷、镉、铅、铬、汞、铊生态指标》及相关产品标准。有害物质限量指标符合 HQC 认证实施细则要求。

典范产品1：住商尚品

产品特点

　　本产品采用先进的脲甲醛工艺，速效、中效、长效养分相结合，保证作物全生育期养分需求；在脲醛缓释工艺的基础上，添加进口西班牙的海藻提取液和高品质矿源黄腐酸钾。

　　进口海藻提取精华，源自深海褐藻，富含多种天然生长调节物质，含钾、钙、镁、铁、锌等矿物质元素和丰富的维生素，营养全面，可以促进酶的活化和作物的生长，植株健壮，增强作物抗逆性能力。

　　添加高品质的矿源黄腐酸钾，是一种纯天然矿物质活性钾元素肥，含有多种小分子官能团，容易吸收、性质稳定，促进土壤团粒结构形成，提高土壤保肥保水能力，有利于根际有益菌群的繁殖，促进根系生长；调节土壤 pH，减轻盐离子危害，提高土壤中养分的利用率，提高作物品质。

推广效果

　　在葡萄、苹果、草莓、马铃薯等作物上施用，作物长势健壮，可以促进果实的膨大、糖分积累和转色，果实个头大、色泽好、硬度高，耐储运。

典范产品2：住商活土增效产品

产品特点

本产品采用先进的脲甲醛工艺，速效、中效、长效养分相结合，保证作物全生育期养分需求；在脲醛工艺的基础上添加高品质矿源黄腐酸钾和台湾"PGPR"有益微生物菌群，通过改善土壤团粒结构和根际微生物环境，促进作物根系生长，从而提高作物的产量和品质。

添加高品质矿源黄腐酸钾，含有多种小分子官能团，激发土壤菌群活力，促根壮苗；改善土壤团粒，疏松土壤，提高土壤的保水保肥能力，调节土壤pH；活化土壤，减少养分流失，提高肥料利用率。

特别添加"PGPR"有益微生物菌群，改善根际微生物环境，诱导产生抗菌物质，激活释放营养元素，增强根系吸收功能；诱导作物本身产生抗菌物质，增强作物对病害的抵抗能力；促进作物根系的生长和增强作物根系的吸收功能；激活和释放土壤中固化的营养元素，如磷、铁、钾等离子，提升作物营养元素的吸收效率。

典范产品3：醛能梦丰产品

产品特点

本产品控释养分采用先进的包膜技术与材料，结合脲醛缓释工艺，缓控双效，能够精确控制养分释放，肥效时间长达3个月，包膜可降解，安全环保，保证作物全生育期养分需求，肥料利用率高，可减少追肥次数，省工省时，增产提质。

复配高品质矿源黄腐酸钾，一种纯天然矿物质活性钾元素肥，含有多种小分子官能团，容易吸收、性质稳定，改良土壤，促进土壤团粒结构形成，提高土壤保肥保水能力，促进根系生长，植株健壮，增强作物抗逆性能。

选用高品质原材料，对土壤环境友好，减肥增效，省工省力，可以提高小麦、蒜、姜等作物的茎秆柔韧性，促进小麦籽粒饱满，蒜、姜、马铃薯块根块茎的膨大。

联系人	刘建生	联系电话	13573218069
传　真	0532-88336232	电子邮箱	liujs@summit-fert.com
通信地址	青岛市平度市青岛路106号	网　址	www.summit-fert.com

淄博坤禾生物技术有限公司

淄博坤禾生物科技有限公司于 2015 年 10 月成立，位于山东省淄博市高青县常家镇刘坊村村南，投资 2 000 万元，占地面积 33 300m²，为年产 10 万 t 高蛋白生物有机肥项目。工程组成主要包括生产车间 1 875m²；腐熟堆场 6 000m²；腐熟隧道 990m²；成品及半成品仓库 2 座，面积为 6 000m²。

采用坤禾生物集团和河北大学生物工程中心共同研发的专利技术，利用食用菌废渣、秸秆、禽畜粪便等原料接种专用腐熟菌种进行好氧厌氧双轮腐熟发酵，使原料中的淀粉多糖、纤维素、半纤维素、木质素、蛋白质等大分子有机物质充分腐熟分解，变成农作物可直接吸收利用的有机养分；腐熟后的有机肥肥效全面持久、安全不烧苗，并可明显改善土壤团粒结构，提高土壤透气、保水保肥能力。腐熟好的有机肥再经科学配伍添加多功能高效植物益生复合功能菌株（如枯草芽孢杆菌、解淀粉类芽孢杆菌和胶冻样类芽孢杆菌等）。

坤禾集团出品的系列农用微生物肥料产品所使用的腐熟菌群及功能菌群，均是核心工厂采取自主技术，独有配方自行生产——"用自产的菌种，造优质的菌肥"，全链条制造能力能够持续保障产品品质优良、功效稳定。

典范产品：生物有机肥

剂型	技术指标	登记证号
粉剂	有效活菌数≥10亿/g；有机质≥40%；含枯草芽孢杆菌、解淀粉芽孢杆菌	微生物肥（2018）准字（5598）号

产品特点

运用国家科技支撑计划课题的创新技术，以植物纤维等多糖、动植物蛋白、蘑菇残料、矿源腐植酸等为主要原料，采用专用菌种和先进的厌氧好氧双轮发酵技术，实现原材料充分腐熟和有机养分提升，产品中富含植物益生菌和腐熟菌蛋白、腐殖质、植酸等腐殖质态有机碳、氮、磷、钾、钙、镁等养分。施入根际土壤后迅速繁殖，抑制常见镰刀菌、丝核菌、轮枝菌等植物病原真菌的生长，改善作物根际土壤的微生物菌群结构，提高作物对根腐、枯萎、黄萎等土传病害的抵抗能力，减少病害的发生。本产品同时含有微生物、氮磷钾和有机质，农民使用方便简单。

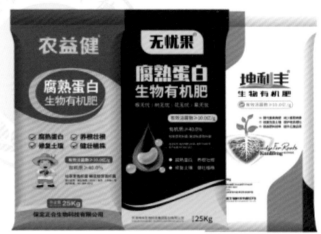

推广效果

本产品在全国范围内得到了大面积推广，也是公司传统渠道销售的主要产品，通过在柑橘、砂糖橘、苹果、葡萄等果树和各种蔬菜、棉花、姜等作物上的大面积应用，普遍反映其在提高作物产量、改善农产品品质及防治土传病害方面具有明显效果。

联系人	郑战	联系电话	15822551160
传　真	022-25212605	电子邮箱	348290852@qq.com
通信地址	天津市滨海高新区海洋园区厦门路2938号	网　址	www.kunheshengwu.com

遵义农神肥业有限公司

遵义农神肥业有限公司成立于 2013 年，注册资金 400 万元，位于遵义市播州区三合镇芦岩村，占地面积 20 亩。公司地处交通要道，交通便利，周边养殖户较多，对生产有机肥料的原料采购、就地生产、临近销售及了解、试用占有地利。地理位置正处于城乡接合附近有煤矿及煤交市场的地带，为有机肥的生产原料供应及销售运输提供便利的交通条件。三合镇距南白、遵义、贵阳较近，对有机肥料的广告宣传效应起到辐射作用。公司有机肥质量过硬、效果明显，在农户中反响较好，农户的反馈就是公司最好的宣传广告，为销售奠定了良好的基础。公司从事有机肥料的生产销售有较长年限，拥有相当大的客户群体，在同行业中重质量、讲信誉、口碑好。有机肥市场在政府的政策影响下持续繁荣，保证产品品质和优质的客户服务是公司在激烈的市场竞争中最有力的后盾。2015 年 12 月获遵义市级农业产业化龙头企业称号，2017 年 1 月获贵州省省级扶贫龙头企业称号。

典范产品：庄园保牌有机肥

产品特点

本产品是由有机物质和氮、磷、钾三要素组成的肥料，它含有大量有机质和多种营养元素，肥效缓慢持久，有利于改良土壤，培肥地力，促进植株生长，增加作物产量，显著改善收获物的品质，提高农业生产的经济效益。适用于农田、耕地、苗床、草坪、园林建设、绿化、菜园、室内植物、岸边及护坡植被、造林、种植与移栽果树等。

1. 作物增产、农民增收，在减少化肥用量或逐步替代化肥的情况下，提高土壤肥力。

2. 提高农产品品质，使果品色泽鲜艳、个头整齐、成熟期集中，瓜类含糖量、维生素含量都有提高，口感好；其他作物的品质均有改善。

3. 增强作物抗病性和抗逆性，减轻作物的土传性病害，降低发病率。

4. 对花叶病、黑胫病、炭疽病等都有较好的防治效果，同时增强作物对不良环境的综合防御能力。

联系人	周恩菊	联系电话	13985628830
传　　真	无	电子邮箱	1473658775@qq.com
通信地址	贵州省遵义市播州区三合镇卢岩村龙井组	网　　址	无

河南瀚斯作物保护有限公司

河南瀚斯作物保护有限公司成立于 2007 年，十年磨一剑，公司始终立足于高起点，致力于各类农药、肥料的研发、生产与销售。十几年来，公司产品远销全国 20 多个省区市。根据国家农业农村部提出的实现化肥零增长、修复土壤、发展农业绿色的指导意见，公司开始专业从事集新型功能肥料的研发、生产、销售、农业技术指导于一体的业务。主要针对有机水溶肥料、大量元素水溶肥料、中量元素水溶肥料、微量元素水溶肥料、氨基酸水溶肥料、腐植酸水溶肥料、土壤调理剂、微生物菌剂、植物刺激剂及植调剂等业务。

公司已通过 ISO 9001、ISO 14001、OHSAS 18001 及能源管理体系，全国农药行业信用评价信用 AAA 级，是国家高新技术企业、河南省科技型中小企业、河南省玉米作物除草工程技术中心、河南省绿色工厂、河南省两化融合贯标企业、河南省安全生产风险隐患双重预防体系示范企业、河南省匠心制造品牌百强、睢阳区非公党建优秀企业、睢阳区非公有制优秀企业、睢阳区优秀民营企业。公司现是中国农药科学与管理协会常务理事单位、中国农药工业协会常务理事单位、中国农药应用与推广协会常务理事单位、河南省农药管理协会副会长单位、商丘市农药商会会长单位、商丘师范学院化学化工学院博士实验室单位、河南省农业职业技术学院、周口师范学院化学学院就业实习基地。

典范产品1：岛本酵素微生物菌剂（固体）基肥产品

剂型	技术指标	登记证号
粉剂	腐植酸≥30g/L； N+P$_2$O$_5$+K$_2$O≥200g/L	农肥（2016）准字5630号

产品特点

海萃之光以印度尼西亚深海马尾藻为原料，通过双酶解低温萃取技术生产，配以富含高活性矿物源的腐植酸及大微量营养元素。

能有效调节土壤团粒结构，改善作物根系生长环境，促进作物根系发育，提苗壮苗，增强作物抗逆能力；刺激作物、增强光合作用机能，提高抗逆性；促进灌浆和果实膨大；可复配农药，提高药效，降低药害。

典范产品2：中量元素水溶肥料

剂型	技术指标	登记证号
水剂	Ca+Mg≥100g/L	农肥（2018）准字10483号

产品特点

保果龙产品采用深海海藻浓缩提取物及甘露醇、木糖醇的复合体与高含量的钙镁结合，海藻提取物含有多种作物所需矿物质及微量元素成分。

1. 多种糖醇复合体能够携带养分物质快速进入植物韧皮部和木质部，提高植物对钙的吸收利用。

2. 内含表面活性剂，能够快速透过叶面角质层进入叶片内部，补充作物所需营养。

3. 高含量钙镁元素能够增强果皮韧性，有效预防裂果，防止生长点坏死。修复缺镁引起的叶片黄化，保持叶片厚绿。

4. 浓缩海藻提取物能调节作物体内的内源激素，增强作物抵抗能力。

5. 提高商品价值、果面色泽、含糖量，延长货架期。

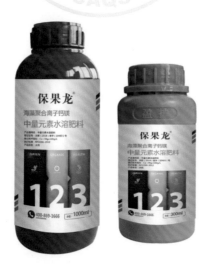

联系人	葛同振	联系电话	18537131015
传　　真	0371-69396636	电子邮箱	969450017@qq.com
通信地址	河南省商丘市睢阳产业集聚区工业大道南500米路东	网　　址	无

安琪酵母股份有限公司

　　安琪酵母股份有限公司始创于 1986 年，是从事酵母、酵母衍生物及相关生物制品经营的国家重点高新技术企业、国有控股上市公司。

　　公司总部位于湖北宜昌，在北京、上海、成都、武汉、广州、沈阳、埃及开罗设有 8 个技术服务中心，在俄罗斯、埃及、湖北、新疆、广西、内蒙古、山东、河南、云南等地拥有 10 家子公司。公司产品广泛服务于烘焙面食、调味品、人类营养健康、动物营养、微生物营养、植物营养、酿造与生物能源、酶制剂等 13 个领域。

　　植物营养与保护事业部成立于 2002 年，致力于以糖蜜为主原料的酵母发酵代谢产物的资源化综合开发和利用，创新推出了"酵母源营养肥料"，已拥有酵母源有机肥料、有机—无机肥料、生物有机肥、微生物菌剂、有机水溶肥料、生物源黄腐酸钾、生物刺激剂等七大系列 100 多款产品，年销量 50 万 t 以上，为农业种植提供天然、营养、有机、高效的解决方案。

典范产品1：烟茎生物有机肥

剂型	技术指标	登记证号
颗粒	有效活菌数≥2亿/g；有机质≥60%	微生物肥（2019）准字（6832）号
粉剂	有效活菌数≥0.5亿/g；有机质≥60%	微生物肥（2019）准字（6831）号

产品特点

　　本产品以酵母代谢物、烟茎为有机质来源，复配高活性复合生物菌。内含小分子速效有机质、酵母源生化黄腐酸、酵母发酵蛋白、生物刺激素和作物所需的多种营养元素，烟茎中含有的烟碱对土壤中的昆虫有一定的驱逐效果，是适合绿色、有机农产品等新型农业种植的多功能生物有机肥料。

推广效果

　　本产品在辽宁沈阳新民市的农作物种植过程中表现以下效果：使用本产品前，土传病害、根结线虫严重导致黄瓜植株生长缓慢、矮小或叶黄，甚至整株枯死；使用本产品后，土壤质地更好，根结线虫减少，病害发病率低，植株生长健康、长势好，采收期延长。

典范产品2：微生物菌剂

剂型	技术指标	登记证号
粉剂	有效活菌数≥5亿/g	微生物肥（2019）准字（6830）号

产品特点

本产品主要原料来自酵母代谢物，除含有丰富的高活性复合功能菌外，还有小分子态有机质、酵母源生化黄腐酸、酵母发酵蛋白、生物刺激素等多种营养元素。具有固氮、溶磷、解钾，修复和改良土壤，预防土传病害等功能。

推广效果

本产品在广西崇左市宁明县火龙果基地试验，使火龙果苗抽芽早，枝条健壮肥硕，老熟得更快，坐果率高，果实花青素含量提高，能够提早上市。

典范产品3：生物有机肥

剂型	技术指标	登记证号
粉剂	有效活菌数≥0.20亿/g；有机质≥40%	微生物肥（2014）准字（1509）号
颗粒	有效活菌数≥0.20亿/g；有机质≥40%	微生物肥（2015）准字（1680）号

产品特点

本品以酵母发酵营养物为有机载体，搭配高活性复合生物菌，内含丰富的小分子态有机质、酵母源生化黄腐酸、酵母发酵蛋白、生物刺激素和作物所需的多种营养元素。

推广效果

本产品在蒙阴街道庐山村试验，使蜜桃提前 5 ~ 7 天上市，而且表光好、上色均匀、口感好、糖分高，糖度平均提高 2° ~ 3°。

联系人	赵娟	联系电话	15171754652
传　真	15171754652	电子邮箱	zhaojuana@angelyeast.com
通信地址	湖北省宜昌市城东大道168号	网　址	bioferti.angelyeast.com

湖北大峪口化工有限责任公司

湖北大峪口化工有限责任公司位于素有"中原磷都"之称的湖北省钟祥市胡集镇，是在原大峪口矿肥结合工程恢复启动的基础上，于2005年8月注册成立的大型国有企业。随着企业的改革重组，公司于2009年成为中国海洋石油集团有限公司下属中海石油化学股份有限公司的控股公司，注册资金11.03亿元。公司集磷矿采选和化肥生产为一体，目前拥有大峪口和王集两座矿山，保有磷矿资源储量超1.6亿t，生产规模为采矿340万t/年、选矿270万t/年、硫酸142万t/年、磷酸40万t/年、高浓度磷复肥113万t/年。

典范产品1：聚氨锌马铃薯专用肥

产品精选优质原料，纯料浆AZF工艺反应合成，配方设计科学合理，独家选用了国家"十三五"科技攻关项目最新复合肥增效技术，产品集"聚、氨、锌"增效技术于一体，可有效促进作物生育期内营养吸收，提高块茎干物质积累量，提升抗旱、抗寒和抗病虫害能力，增产增收有保障。

产品特点

1.低聚合磷酸盐技术。独有的GPR管式反应器使料浆毫秒级反应，减少有效养分固定、退化，明显提升肥料利用效率。

2.聚合氨基酸生物刺激和有机碳添加技术。无机＋有机营养双补充，养分配伍更加科学，显著提升马铃薯块茎品质。

3.先进的中微量元素增效技术。通过螯合复配手段加入锌、镁等营养元素，克服马铃薯生长"隐性饥饿"，全面提升种植产量。

典范产品2：聚氨锌水稻侧深施专用肥

产品选择法国 AZF 先进工艺制造，精选优质原料，纯料浆反应合成，单粒养分分布均匀，独家选用了国家"十三五"科技攻关项目最新复合肥增效技术，产品集低聚合磷酸铵技术、聚合氨基酸生物刺激和有机碳技术以及微量元素螯合和复配技术于一体，可有效促进氮磷钾的吸收，提高根系活力，提高作物的抗逆性，特别是抗旱、抗寒和抗病虫害能力，节约化肥用量。

产品特点

1. 颗粒强度适中。AZF 工艺保证产品颗粒硬度，粒径主要在 3.2 ～ 3.8mm，含水率低于 1.5%，满足侧深施肥机械作业需求。

2. 因需定制配方。高氮加磷钾配方，能够为水稻生长各时期提供充足营养，全程不脱肥。

3. 增值技术保证。产品集"聚、氨、锌"技术于一体，显著提升肥料养分利用率，达到减量增效、增产增收效果。

典范产品3：聚氨锌滴灌型复合肥

滴灌型增值复合肥采用独有 AZF 生产工艺、磷矿正反浮选及磷酸提质净化等先进生产技术，去除了各种重金属及有害物质，采用生态环保级磷酸生产制造，产品品质稳定可靠。

产品特点

1. 产品溶解快，残渣少，EC 值低，溶解过程中不会降低水温。

2. 国内独创的颗粒型滴灌复合肥料，纯化学方法合成，相较物理混配的粉状产品，作物吸收效率明显提升。

3. "聚氨锌"三大增值技术，实现种地养地相结合，显著提升作物抗病抗逆性，可提高根系活力、增强光合作用、改善土壤环境。

联系人	何新建	联系电话	13477573483
传　真	0724-4893208	电子邮箱	hexj4@cnooc.com.cn
通信地址	湖北省钟祥市胡集镇088#	网　址	www.chinabluechem.com.cn

湖北中向生物工程有限公司

湖北中向生物工程有限公司占地面积 50 亩，拥有 15 000m² 的厂房和自主研发的固态发酵设备 150 套，建有微生物发酵、提取等 8 个车间，企业拥有自营进出口权。是一家集科研创新、技术开发、原药生产、制剂加工及销售于一体的高新技术企业。

公司获得授权国家专利 14 项，商标授权 19 项，并被授予国家级高新技术企业、国家科技成果重点推广计划十佳品牌企业、A 级纳税人。目前公司现有 10 个农业农村部的微生物肥料登记证，还有 11 个正在办理中。

公司积极进行技术创新和产品研发，多方面参与全国各地的土壤修复和服务三农的项目，更好地为我国生态农业建设和安全农产品的生产服务。

典范产品1：微生物菌剂

剂型	技术指标	登记证号
粉剂	有效活菌数≥20亿/g	微生物肥（2019）准字（6905）号
粉剂	有效活菌数≥400亿/g	微生物肥（2018）准字（5084）号

产品特点

1. 能有效抑制青枯病、软腐病、根腐病、枯萎病、炭疽病等土传病害对根系的侵染。

2. 降解酚酸类根系自毒物质，缓解对作物自身危害，从根本上解决作物连作障碍。

3. 作物根系发达，病害少，缩短移植后的缓苗时间，提高后期抗病能力。

4. 降解化学农药对环境及农产品的污染；钝化重金属，确保食品安全。

推广效果

本产品在湖北、云南、广西、海南、山东等多地进行了大面积推广，产品营养全面，广泛用于烟草、三七、柑橘、火龙果、姜等作物，具有明显的增产效果，大田作物增产 15% 以上，经济作物增产 25% 以上。

典范产品2：生物有机肥

剂型	技术指标	登记证号
粉剂	有效活菌数≥10亿/g	微生物肥（2019）准字（6904）号
颗粒	有效活菌数≥10亿/g	微生物肥（2019）准字（6903）号

产品特点

1.改善土壤活性，减少化肥施用量。肥料中的多种高效活性有益微生物菌增加了土壤有机质，加速有机质降解转化为作物能吸收的营养物质，大大提高土壤肥力，减少化肥用量。

2.改变土壤结构，提高作物抗性。微生物可激发土壤活力，改良土壤板结。

3.促进植物生长发育，提高抗逆能力。促进根系生长、使作物具有开花整齐、保花、保果、防治早衰的效果。

推广效果

本产品在湖北、云南、广西、海南、山东、辽宁、黑龙江等地进行了大面积推广应用，提高了作物产量，改善了作物品质，在防治土传病害方面具有明显效果。

典范产品3：土壤修复菌剂（酸性土壤、碱性土壤）

剂型	技术指标	登记证号
粉剂	有效活菌数≥5亿/g；有机质≥20%；胞外多糖≥1mg/g	微生物肥（2020）准字（8839）号
粉剂	有效活菌数≥5亿/g；有机质≥20%；胞外多糖≥1mg/g	微生物肥（2020）准字（8838）号

产品特点

1.三维一体修复土壤：微生物、有机质和矿物质，生物、物理、化学协同作用，有效钝化重金属等土壤有害物质，提高肥料利用率，实现受污染土壤的绿色修复和可持续利用。

2.采用复合发酵工艺，能在土壤中迅速繁殖成为优势菌群，形成以有益细菌为主的土壤及根际良性微生态环境。

推广效果

本产品在湖北省宜昌市耕地安全利用项目中得到了大面积推广，通过在水稻、烟草、脐橙作物上的大面积应用，普遍反映其在提高作物产量、改善农产品品质及防治土传病害方面具有明显效果。

联系人	陈伟	联系电话	18972510111
传　真	0717-4858006	电子邮箱	18494853@qq.com
通信地址	湖北省宜都市红花套镇	网　址	www.zxswgc.cn

武汉合缘绿色生物股份有限公司

武汉合缘绿色生物股份有限公司成立于 2002 年，被认定为国家高新技术企业、国家有机肥生产试点单位、湖北省农业产业化重点龙头企业。公司建立了湖北省农业微生物领域首家"院士专家工作站"，聘请了陈文新院士、曹文宣院士、邓子新院士、梁运祥教授、程建平研究员、杨国平研究员等多位专家学者为技术顾问；并与中国农业科学院、中国农业大学、华中农业大学、中国科学院水生所、湖北工业大学等科研院所合作建立了合作关系。公司拥有湖北省农业微生物菌剂工程技术研究中心、湖北省农用微生物菌剂工程研究中心、湖北省认定企业技术中心，拥有 20 多项专利技术。先后承担包括国家发改委、科技部、财政部和湖北省科技厅等省部级科研项目 30 余项。公司始终坚持"兴一个产业，富一方百姓"的理念，为客户提供安全、高效、环保的系统化解决方案。

典范产品1：复合微生物肥料

剂型	技术指标	登记证号
颗粒	有效活菌数≥0.2亿/g；N+P_2O_5+K_2O=25%；有机质≥20%	微生物肥（2018）准字（3764）号
粉剂	有效活菌数≥0.2亿/g；N+P_2O_5+K_2O=15%；有机质≥20%	微生物肥（2011）准字（0825）号
液体	有效活菌数≥5亿/mL；N+P_2O_5+K_2O=6%	微生物肥（2018）准字（2777）号

产品特点

1. 养分均衡，配方合理。本产品具有全营养型特点，集无机肥速效、有机肥长效、生物肥促效于一体，能满足农作物营养需求，促进作物稳健生长。

2. 抑制病害，增强作物抗逆性。本产品富含多种有益微生物菌群，分泌大量次生代谢物质，有效裂解有害真菌的孢子壁、线虫卵壁和抑制有害菌的生长，有效控制土传性病害的发生，具备防病和抗重茬的功效。

3. 改良土壤，培肥地力。本产品富含有机质，能改善作物根际环境，增强土壤保水保肥能力，活化土壤沉积养分，提高肥料利用率。

4. 提高品质，增产增收。本产品通过所含微生物的生命活动及代谢产物，降低作物产品中硝酸盐及其他有害物质的含量，提高品质，增产增收。

推广效果

本产品在湖北、安徽、广西、湖南、江西等地得到了大面积推广，通过在水稻、茶叶、蔬菜、果树、小麦等作物上的大面积应用表明，在提高作物产量，改善农产品品质及防治土传病害方面具有明显效果。经济作物增产 25% 以上。

典范产品2：生物有机肥

剂型	技术指标	登记证号
粉剂	有效活菌数≥0.2亿/g；有机质≥40%	微生物肥（2007）准字（0381）号

产品特点

本产品富含有机质、腐植酸、氨基酸，能迅速提高土壤有机质含量，消除土壤板结，增强土壤保水保肥能力及通透性，提高肥料利用率。本产品富含多种益生菌群，有效抑制病原菌，增强作物抗逆性，克服土壤连作障碍。趋避地下害虫，尤其对提高作物抗土传病害效果突出。本产品通过所含微生物的生命活动及代谢产物，有效吸附和降解土壤中重金属及农药残留，提高农产品品质。

推广效果

本产品在湖北、安徽、广西、湖南、江西等地得到了大面积推广，通过在水稻、茶叶、蔬菜、果树等作物上的大面积应用表明，施用该肥料后，可直接增加土壤中功能微生物、次生代谢产物及多种大中量元素等养分。

典范产品3：微生物菌剂

剂型	技术指标	登记证号
粉剂	有效活菌数≥2亿/g	微生物肥（2018）准字（2491）号
液体	有效活菌数≥0.2亿/mL	微生物肥（2011）准字（0816）号
粉剂	有效活菌数≥5亿/g	微生物肥（2018）准字（6314）号

产品特点

本产品是通过筛选特定功能微生物菌株，采用先进生产工艺制成的一种高效微生物菌剂。本产品具有以菌治菌、高抗重茬、解害降残、活化土壤、促进生长、提高产量等作用。本品属纯生物菌剂，安全、无毒、无害、无污染、无残留。

推广效果

本产品在湖北、湖南、江西等地进行了大面积推广应用，主要推广作物有茶叶、蔬菜、果树等。试验表明，长期使用本产品可以抑制土壤中多种病原菌，并能壮苗促生长及提高作物抗逆性和抑制病害能力。

联系人	查瑞辉	联系电话	18702769727
传　真	027-87293332	电子邮箱	876424502@qq.com
通信地址	武汉市东湖高新区珞狮南路519号	网　址	www.hysw.cn

武汉瑞泽园生物环保科技股份有限公司

武汉瑞泽园生物环保科技股份有限公司成立于 2011 年,是国家高新技术企业、武汉市农业产业化经营龙头企业、中国生物有机肥产学研联盟常务理事单位、湖北省肥料应用协会副理事长单位。致力于绿色农业及环境保护两大领域高科技产品的开发、生产和推广应用。产品和企业荣获中国有机肥十大品牌和中国生物有机肥产学研十大示范企业称号。公司具有研发、生产、营销、科普展示等完备的产业运营体系及平台。其发展方向是以现代肥料领域高新技术为核心,以建立良性的农田、水体生态体系和营养综合体系为目标,集成高效健康种植与水产养殖标准化体系服务现代农业,全面打造成我国绿色肥料领域具有代表水平的高新技术产品研发基地和一流的现代新型肥料生产企业。

典范产品1:"倍泽"牌酵素菌生物有机肥

产品特点

本产品是采用日本酵素菌原菌种,通过改良扩繁后,配入优质奶牛的粪便及稻糠、麦麸、菇粕等经过深槽好氧发酵而成的无公害、无污染的高科技生物有机肥料。它除含有固氮菌、解磷菌、解钾菌等 20 多种有益微生菌群,它还能生产出物理活性物质,并有钙、镁、硫、钼、锌、硼等 10 多种中、微量元素和淀粉酶、生长素、氨基酸等功能化合物,而且有机质含量达 50% 以上,是生产无公害、绿色、有机农产品的理想肥料。

典范产品2:"倍泽"牌微生物菌剂

【技术指标】有效活菌数 ≥ 5 亿 /g;水分 ≤ 20%

产品特点

本产品含有的高效活性菌可在作物根际快速定殖形成抑菌圈，防止病害菌对作物的侵染，防止死苗、烂根、立枯、根腐、黄萎等土传病害的发生。活化土壤、提高肥效，可消除土壤板结和盐渍化，增加土壤团粒结构，提高保水保肥能力。

典范产品3："倍泽"牌精制有机肥

产品特点

本产品选用优质的奶牛粪便、粗糠和饼渣为原料，加入具有高效发酵、除臭、杀灭有害细菌功能的有益生物菌剂，通过二次发酵、充分腐熟精制而成。富含有机质及氮、磷、钾、腐植酸等有效成分，具有强力活化土壤、破除板结、增加肥力等功能，是增加土壤有机质、改良土壤质量、改善土壤微生物生活环境、生产绿色农产品的理想肥料。

联系人	张梦	联系电话	15327290991
传　真	027-61810218	电子邮箱	157903386@qq.com
通信地址	武汉市黄陂区罗汉街香店村	网　址	无

佛山住商肥料有限公司

佛山住商肥料有限公司是国有企业青岛碱业发展有限公司与世界 500 强日本住友商事株式会社合资设立的年产 20 万 t 的高品质、差别化复合肥生产企业,于 2008 年 10 月 9 日正式注册成立,实缴资金 1.8 亿元人民币,拥有各类专业技术人才及营销人员 190 余名。

为支持中国高效农业的发展,满足市场对高浓度复合肥不断增长的需求,公司始终致力于研究开发绿色、无公害高浓度复合肥产品,使用日本专用技术,在全球范围内采购优质原料,严格按照国际标准和日本品质管理模式,坚持品质第一、质量第一的经营理念,生产化学合成高氮、高钾和速效、长效相结合的氮磷钾复合肥产品。公司投巨资配备农化服务设施,培训农化服务人才,长期坚持全心全意为农民服务的农化服务理念,积极推动科学施肥、科学种植、保护耕地、增产增收的农业可持续性发展模式,倡导减少耕地营养流失、绿色环保的科学施肥新观念。

典范产品1:16-16-16硫酸钾型

产品特点

使用脲醛缓释生产工艺,是最具代表性的住商肥料高浓度硫酸钾平衡型产品。始终保持着住商肥料速效加长效的优良传统,可以修复土壤、改善土壤结构、提高土壤肥力水平,与环境亲和性好,营养全面,肥料利用率更高。本产品适用于各种作物,特别适用高品质水果及瓜菜,同时也可满足不同类型的土壤,可撒施、条施、穴施等。

典范产品2:20-9-11氯化钾型

产品特点

使用脲醛缓释生产工艺,是氯化钾型代表产品。养分配比均衡,特别添加中、微量元素,可很好满足各种不忌氯作物的生产需求,尤其适合水稻、玉米等作物,有前期不徒长,后期不脱靶的功效。可撒施、条施、穴施等。

典范产品3：15-15-15海藻硫酸钾型

产品特点

脲醛缓释生产工艺，与加拿大阿卡迪安公司强强合作，特别添加马尾藻的"海藻精华"，能有效激活产品的氮磷钾速效性，并有效改良土壤耕作层，改善土壤板结情况。产品既能兼顾速效性，同时保持长效性，提供作物整个生育周期的全面营养需求。适合撒施、条施、粗放滴管及冲施等多种施肥方式。

联系人	何岗	联系电话	18028186025
传　真	0757-83603919	电子邮箱	hegang@summit_fert.com
通信地址	佛山市三水工业区大塘园72-2号	网　址	www.Sffsummit_fert.com

慕恩（广州）生物科技有限公司

慕恩（广州）生物科技有限公司是国内专注于将微生物资源商业化的创新型生物科技公司，荣获国家高新技术企业称号，拥有国际领先的微生物组发掘和产业化平台。核心团队由来自国内外顶级名校的博士和跨国公司的核心研发人员组成，具有独立完整的研发能力和丰富的产业化经历。

公司获得授权国家发明专利 36 项，并通过 ISO 9001 国际质量管理体系认证、ISO 14001 环境管理体系认证和 OHSAS 18001 职业健康安全管理体系认证。

公司致力于通过全球领先的微生物组分离和培养技术，发现、保存、鉴定新的具有开发价值的微生物多样性资源，建立的农业菌种资源库目前已收集并保存了超 8 万株功能菌株。在深度的微生物组研究和数据挖掘的基础上，高通量筛选具有生物活性的功能微生物及其代谢产物，为客户提供一流的微生物产品及解决方案。

典范产品1：微生物菌剂

剂型	技术指标	登记证号
粉剂	有效活菌数≥5.0亿/g	微生物肥（2019）准字（6647）号

产品特点

本产品通过添加经层层筛选和多次功能验证的国家专利菌株——"杀手级"哈茨木霉菌 TH7，并使用高蛋白发酵基质，使菌株"生而优秀"。同时，本产品经 100 多次配方优化，不仅使货架期延长至 18 个月，同时还保证了有效成分可快速渗透土壤，均匀分散至植物根际，加速菌株在作物根系定殖，保证有效成分快速、精准作用到靶标上，从而达到抗逆境、抗重茬的效果。

推广效果

本产品在草莓、菠萝、香蕉等水果和黄瓜、番茄、辣椒等蔬菜上进行了大面积的推广应用。在各应用案例中均验证了以下效果：作物缓苗快、移栽成活率高；促生长效果明显，作物根系发达，茎秆粗壮，长势好；病害发生率明显降低，对根腐病、猝倒病、立枯病、青枯病、枯萎病、疫病、纹枯病等多种土传病害具有良好的防治效果。

典范产品2：微生物菌剂

剂型	技术指标	登记证号
粉剂	有效活菌数≥5.0亿/g	微生物肥（2020）准字（7756）号

产品特点

本产品是由哈茨木霉、淡紫紫孢菌、枯草芽孢杆菌3种菌复配而成，分别对真菌性土传病害、线虫为害、细菌性土传病害具有优异的防治效果。本产品具有苗期处理、根际有效定殖、从种到收全生育期收益的特点，可阻断种传和土传真菌、细菌病害的传播，降低病原菌基数，形成根际微生物屏障，激发植物自身免疫，切断病害发生条件。

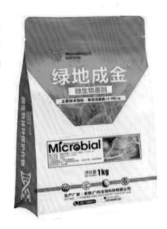

推广效果

本产品在马铃薯、姜、草莓、芹菜等作物上进行了大规模的示范试验。试验证明：施用本产品后，作物出苗整齐，根系发达，整体长势良好；无明显病害发生，对土豆疮痂病、芹菜根腐病等综合防效达70%以上；作物产量明显提升，收益增加。

典范产品3：微生物菌剂

剂型	技术指标	登记证号
液体	有效活菌数≥10.0亿/g	微生物肥（2020）准字（8332）号

产品特点

本产品通过添加高效产酶菌枯草芽孢杆菌MN776与高活性养根菌枯草芽孢杆菌MN381，分解产生易于植物吸收的酶解 $L-$ 氨基酸，增强土壤肥力，促进植物生长；并通过调节土壤结构，增强根系的吸收能力，激发植物免疫力，从而帮助植物增强逆境中的抵抗力，实现稳产高产。

推广效果

本产品已经在全国范围内多种作物上验证了调土促生长效果，包括黄瓜、辣椒、生菜、番茄、小葱、葡萄、水稻、大豆、玉米等。在施用本产品后，均表现出根系生长旺盛，作物长势良好，植株大而壮，病害发生率明显降低等现象。

联系人	王琳	联系电话	13426238088
传　真	020-31603387	电子邮箱	Wangl@moonbio.com
通信地址	广东省广州市黄埔区开源大道11号B5栋3层	网　址	www.moonbio.com

龙蟒大地农业有限公司

龙蟒大地农业有限公司注册资金18亿元，现有员工3 200余人，其中绵竹基地2 500余人、襄阳基地700余人。龙蟒大地自成立以来，依托前期资源配置、技术基础、人才储备、管理体系、市场影响等先天条件，快速站稳市场，并在基础磷肥、精细磷酸盐、复合肥等领域取得了较大突破，产品远销亚、欧、美、澳等30多个国家和地区。已成为亚洲最大的饲料级磷酸氢钙和工业级磷酸一铵生产企业，德阳基地和襄阳基地的饲料级磷酸氢钙规模达到60万t/年、工业级磷酸一铵规模达到40万t/年、肥料级磷酸一铵规模达到60万t/年，各类专用复合肥产品100万t/年、磷石膏建材产品200万t/年，配套硫酸100万t/年、合成氨10万t/年、磷矿石开采115万t/年，产业配套完善、产品系列齐全。公司始终坚守"通过技术创新实现环境保护、资源利用、经济价值和谐共赢"的理念，将自主研发和合作研发紧密结合，引领生态农业航向，服务中国大农业，帮助农民种好田。

典范产品1：黄腐酸复合肥

产品特点

本产品采用转鼓造粒工艺技术，无损化融入矿源高活性黄腐酸，添加中微量元素，并通过黄腐酸的螯合功能和蒸汽产生的热量促进氮磷钾及中微量元素的螯合、活化，属功能性黄腐酸肥料。产品含硝态氮、黄腐酸、中微量元素，有效提高产品速效性，同时通过黄腐酸的固氮、解磷、释钾和微量元素螯合作用，防止肥效流失或固定，提高肥料利用率，达到速效、长效和高效。

典范产品2：矿源黄腐酸水溶肥

产品特点

本产品以矿源黄腐酸为核心功能成分，在满足水肥一体化的基础上，实现功能提升和产品升级。矿源黄腐酸水溶肥系列采用高纯度氮源、工业级或食品级磷源和进口钾源为大量养分原料,采用螯合态(EDTA型或氨基酸型)微肥作为微量元素原料,并采用抗硬水矿源全水溶黄腐酸(部分升级产品添加海藻酸、氨基酸、螯合钛等功能成分)复配而成。产品兼具节水节肥、速溶高效、亲土养土、护根护苗、提质增产、综合增抗、提升品质、绿色生态的特点,是高端农业、精确农业和现代农业的优选产品。

典范产品3:锌代复合肥料

产品特点

本产品甄选优质溶浆氮磷原料和进口钾肥,采用化合微喷技术,运用新型智控喷浆工艺生产而成。产品针对性添加锌、硼等微量元素,高效提供多维营养,有效促进作物根系发育、植株生长和物质合成,增加抗性,提质增产,利用升级新型工艺技术,融合高效原料和微量、有益元素,突破传统喷浆缓效特点,实现产品营养多维化,增进产品肥效,特点突出,是优质高效的喷浆升级产品。

联系人	雷怡	联系电话	18990247871
传 真	无	电子邮箱	leiyi@lomon.com
通信地址	四川省绵竹市新市镇新市工业园区	网 址	www.lomonland.com

重庆市万植巨丰生态肥业有限公司

重庆市万植巨丰生态肥业有限公司位于重庆市万州区国家级经济技术开发区，占地122亩。公司成立于2007年9月，注册资金5 000万元。公司主要通过自主研发的生物发明专利技术，将农作物秸秆、养殖场的畜禽粪便、污水处理厂的生活污泥等废弃物变废为宝，生产出绿色、环保、生态的有机长效肥、生物有机肥、复合微生物肥料、微生物菌剂、有机物料腐熟剂等产品。公司现已通过有机产品认证、环保生态肥料认证、ISO 9001标准质量管理体系认证、ISO 14001环境管理体系认证，且先后被评为重庆市测土配方肥企业、重庆市农业产业化龙头企业、农业农村部测土配方肥推广试点生产企业、质量管理先进单位、售后服务先进单位、重庆市著名商标等。公司产品先后获得中国绿色无公害环保型肥料、无公害农产品专用肥料、重庆市高新技术产品、重庆市名牌产品等荣誉。2011年，公司成立了重庆市唯一微生物肥料工程技术研究中心，公司已申请国家发明专利5项、实用新型专利11项、外观设计专利2项，已获授权专利11项。2014年8月，公司加入了由欧盟国家和中国农业科学院组织实施的"国际地平线2020项目暨有机废弃资源的综合利用项目"，项目的成功实施进一步推进了生态农业和环保产业的发展。

典范产品1：生物有机肥

剂型	技术指标	登记证号
粉剂	有效活菌数≥0.2亿/g；有机质≥40%	微生物肥（2016）准字（1774）号

产品特点

本产品以枯草芽孢等土壤有益微生物为核心，再复配充分腐熟的菜籽饼、豆粕、麸皮等优质植物源有机质。富含大中微量营养元素，具有培肥地力、补充土壤养分、防止营养失衡、增加土壤有益微生物和有机质、抑制土传病害、改良土壤等功能。通过了有机生产投入品认证和环保生态产品认证，是生产高品质农产品的优质肥料。

典范产品2：生物有机长效型复合肥料

剂型	技术指标	登记证号
颗粒	N+P$_2$O$_5$+K$_2$O≥40.0%； 有机长效成分≥10.0%； 粒度≥90.0%；水溶性磷≥60.0%	渝农肥（2017）准字1271号
		渝农肥（2014）准字0901号
		渝农肥（2014）准字0849号

产品特点

本产品在原材料的选用上，始终坚持选择安全、优质、高效的各种氮磷钾以及中微量元素原料和经过深度腐熟发酵的菜籽饼、豆粕、秸秆粉等优质有机类原材料。产品组分中包含了氮磷钾、有机质、腐植酸、有益菌、中微量元素等，是一种全营养、多功效、生态环保的优质农业生产资料，有毒有害物质均远远小于限量指标要求，从2011年以来连续10年被认证为"环保生态产品"。

典范产品3：微生物菌剂

剂型	技术指标	登记证号
颗粒	N+P$_2$O$_5$+K$_2$O≥15.0%；粒度≥70.0%； 有机质≥15.0%；水分≤12.0%； pH=5.5～8.0	渝农肥（2019）准字1380号
		渝农肥（2012）准字0710号

产品特点

本产品根据不同作物需肥特性和使用区域开发了经果作物系列、大田作物系列等多个适用配方。在原材料的选用上，始终坚持选择安全、优质、高效的各种氮磷钾以及中微量元素原料和经过深度腐熟发酵的菜籽饼、豆粕、秸秆粉等优质有机类原材料。产品组分中包含了氮磷钾、有机质、腐植酸、有益菌、中微量元素等，是一种全营养、多功效、生态环保的优质农业生产资料，有毒有害物质均远远小于限量指标要求，从2011年以来连续10年被认证为"环保生态产品"。

联系人	陈明元	联系电话	13896235058
传　真	023-64866988	电子邮箱	553616979@qq.com
通信地址	重庆市万州区化工园区北环大道8号	网　址	www.wzhjf.com

四川凯尔丰农业科技有限公司

四川凯尔丰农业科技有限公司成立于 2010 年 3 月，位于享有"川西明珠"之美誉的四川省什邡市，土地肥沃，物产丰富，是全国粮油基地和八大黄背木耳种植基地之一，植物提取产业全国有名，也是烟草、啤酒生产基地，当地优质的有机生物质资源十分丰富。公司生产基地处于川西旅游环线 106 省道上的全国千强镇——师古镇，成都三绕师古出口旁，占地 40 亩，属成德同城发展半小时经济圈，距铁路几公里，交通便利。公司配备相关专业技术人才，具健全的质量检测系统。

公司采用生物技术将当地秸秆、食用菌渣、酒糟、菜粕等优质有机原料进行无害化处理，专业专注研发生产生物有机系列环保生态肥料，致力于土壤改良、提高农产品品质，服务于环保、生态、绿色农业，有效解决了当地的农村面源污染。

公司主要产品有有机肥、生物有机肥、复合微生物肥、有机—无机复混肥、水溶肥、复混肥，同时提供农业废弃物的无害化利用技术和测土配方施肥种植等农业技术服务。已通过 ISO 9001 质量管理体系认证、ISO 14001 环境管理体系认证、OHSAS 18001 职业健康与安全体系认证。

典范产品1：沃地盖司生物有机肥

本产品是以黄背木耳菌渣、农作物秸秆、农副产品等当地优质有机物，配以多功能发酵菌种剂，在高温环境下快速除臭、腐熟、脱水，通过微生物发酵，配以功能菌剂采用先进生产工艺加工而成的环保、无公害绿色肥料。适用于果树类、蔬菜类、经济作物、大田作物等。

产品特点

1. 改良土壤、平衡微生物状态。

2. 增强植物抗逆性，减轻病虫害发生。

3. 固氮、解磷、解钾，提高作物品质。

典范产品2：沃地盖司复合微生物肥料

本产品有机、无机、微生物"三元结合"，含有作物生长所需全面平衡元素，营养全面，肥效持久，既有速效性又有缓释性，满足作物对营养元素的需求。是生产无公害有机食品的优质肥料。适用于果蔬类、经济作物类、粮食类。

产品特点

1. 改良土壤，提高肥料利用率，肥料中所含的腐殖质促进土壤团粒结构的形成，提高土壤通透性和保水性。肥料中的有益微生物在土壤中产生的有机酸能促进对矿物质元素的吸收，提高养分利用率。

2. 酸碱缓冲性强，能调节根际pH，适应多种土壤条件。

3. 增强植物抗逆性，减轻病虫害发生。

典范产品3：沃地盖司有机—无机复混肥料

本产品是以黄背木耳菌渣、烟渣等原料，经过腐熟发酵的有机肥料添加无机养分，采用先进生产工艺加工而成的有机－无机复混肥料，是有机－无机养分相结合的理想肥料。适用于果蔬类、经济作物类、粮食类。

产品特点

1. 不但含有氮、磷、钾、镁、硫，还含有丰富的氨基酸和有机质，营养丰富，全面确保作物营养需求。

2. 提高农产品成色、口感和品质，减少作物生物性病害，提早开花、结果。促进幼苗根系生长，增加作物抗害能力，同时具有保花、保果、增色等作用。

联系人	杨清松	联系电话	0838-8665188、13320865102
传　真	0838-8665188	电子邮箱	1320917012@qq.com
通信地址	四川省什邡市师古镇九里埂村	网　址	www.sckerf.com

四川省大沃肥业有限责任公司

四川省大沃肥业有限责任公司成立于 2012 年，位于四川省什邡市回澜镇，紧靠德什公路和什邡火车站。原材料和产品具有良好的交通保障。公司占地面积 35 亩，年产复合肥 10 万 t、有机无机复混肥 3 万 t、有机肥 5 万 t。是一家集研发、生产、销售、服务于一体的肥料企业。

公司自成立以来，在一个懂经营、会管理的领导班子带领下，始终坚持服务三农，注重公司的社会形象和质量形象，把"安全、质量、诚信、务实、惠农"作为公司的发展宗旨，并提出了以"质量第一、顾客满意、适时创新、持续改进"的公司方针，以客户及广大农民满意为目标，积极进取，努力开拓，不断改进，适时创新。

公司现有生产线 3 条，包括复合肥生产线 1 条、有机无机复混肥生产线 1 条、有机肥生产线 1 条。注册商标 6 个。生产设备 47 套（台），检验设备 22 套（台）。工程技术人员 8 人（其中大学本科学历 2 人、大专学历 3 人、农技师 1 人），职工 48 人。以上条件为企业未来的发展打下了坚实的基础。

典范产品1：硫酸钾果树套餐肥

本产品精选优质原料，易溶解，并且富含黄腐酸及多种中微量元素，根据果树不同时期需肥特性实施套餐配方施肥，春梢高氮中磷中钾，壮果中氮中磷高钾，配方设计科学合理，增产增收有保障。

产品特点

1. 选用各种精细的原辅材料，易溶解，作物易吸收。

2. 根据果树的需肥特性科学配方，氮磷钾单一养分配比合理，且加入多种中微量元素，可有效遏制作物的缺素症，使作物生长健康。

3. 添加黄腐酸和氨基酸，能促进果树生长，对抗旱有重要作用，能提高作物的抗逆能力，改善果品品质，提升果品口感，达到增产、提质的目的。

典范产品2：适用大田作物肥

本产品精选优质原料，易溶解，并且富含黄腐酸及多种中微量元素，根据大田作物需肥特性实施配方施肥，配方设计科学合理，增产增收有保障。可有效促进氮磷钾的吸收，提高根系活力，提高作物的抗逆性，特别是抗旱、抗寒和抗病虫害能力，节约化肥用量。

产品特点

1. 选用各种精细的原辅材料，易溶解，作物易吸收。

2. 因需定制配方，高氮中磷钾，氮磷钾单一养分配比合理，且加入多种中微量元素，可有效遏制作物的缺素症，使作物生长健康。能够为作物生长各时期提供充足营养，全程不脱肥。

3. 添加黄腐酸和氨基酸，能促进作物生长，对抗旱有重要作用，能提高作物的抗逆能力，改善作物品质，达到增产、提质的目的，显著提升肥料养分利用率，达到减量增效、增产增收效果。

典范产品3：纯植物源有机肥

本产品以纯植物性有机物为原料，采用现代生物工程技术，经好氧生物发酵，旋风吸附加工而成。有机质含量高，含有一定的氮、磷、钾养分，富含中微量元素，以及作物所需的硅、钙、氨基酸、腐植酸等天然营养物质，营养全面均衡，长效增效、安全环保，是有机生态的首选肥料。

产品特点

1. 促进土壤形成团粒结构，提高保水保肥能力及微生物活性。

2. 全营养均衡，肥效持久，可有效改良活化土壤、培肥地力。

3. 安全环保，无污染，无公害，满足有机、生态、绿色农业发展需求。

4. 提升土壤中的有机质含量，使土壤通氧度提高，保水保墒，促进作物根系发达。

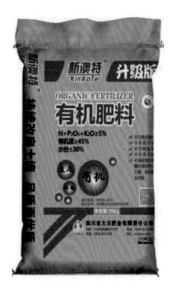

联系人	曾令洪	联系电话	15386699939
传　真	0838-8221286	电子邮箱	852473150@qq.com
通信地址	四川省德阳市什邡市回澜镇万丰村十二组	网　址	www.scdawo.com

四川省简阳市沱江复合肥厂

　　四川省简阳市沱江复合肥厂成立于 1994 年 12 月，位于简阳市简城镇白塔路 332-344 号，自有经营场地 6 700m²，是专业从事复混肥、配方肥、有机肥、生物有机肥生产和销售的企业，生产设备和检测设备完善。

　　工厂从原料的进购、生产过程的控制到产品出厂严格按照生态、环保、优质化要求进行。在生产的每道工序中，组成严密的质量控制网络和相应的检测手段，形成强有力的质量监督体系，为保证产品质量，真正体现"质量是企业的生命"这一宗旨。

　　工厂建立了健全的质量管理体系、环境管理体系和职业健康安全管理体系，具备全国工业产品生产许可证及生产经营所需的各种证件。2013 年获评全国质量诚信优秀企业和全国质量检验稳定合格产品，2014—2017 年获评四川省质量诚信·用户满意单位、四川省质量信用双优企业、四川省质量稳定合格产品、3.15 质量维权诚信单位、3.15 消费者金口碑单位，2017 年获得质量管理体系认证、环境管理体系认证，2019 年获得环保生态肥料认证、职业健康安全管理体系认证。

　　工厂采用挤压造粒生产肥料。以优质原料通过物理作用进行挤压造粒，在生产中不需要添加剂，只需利用物料本身的分子间力形成颗粒，简化了流程、降低了能耗，避免了添加其他物质带来的有害有毒物质超标问题，使产品更加环保、生态。

典范产品1："沱江红"牌果蔬配方肥

产品特点

　　本产品溶速快、纯度高、吸收强。根据土壤的养分状况和作物的需肥特性，配制成系列专用肥，针对性强，肥效显著，肥料利用率和经济效益都比较高。产品无害、无毒，重金属含量符合《肥料中有毒有害物质的限量要求》（GB 38400—2019）标准，属国家农业部门推荐的环保型肥料。适用于茄果类、叶菜类及大棚等蔬菜，也可用于果树的底肥。

　　产品的营养搭配合理，能提高作物产量，特别能增加作物中蛋白质含量，促进叶绿素和多种酶的合成，促使瓜类、茄果类蔬菜及果树等作物的根系生长，提高薯类作物薯块中的淀粉含量。此外，还能增强作物抗旱、抗寒和抗盐碱等抗逆性，改善农产品的营养价值。

典范产品2："沱江红"牌有机-无机复混肥料

产品特点

　　本产品肥力大、肥效长、养分全面、利用率高。利用植物秸秆、菌渣、腐植酸等发酵腐熟研制而成，并添加农作物所需的氮、磷、钾、等中微量元素，集无机肥的速效性和有机肥的缓效性于一体。产品无毒无害，重金属含量符合《肥料中有毒有害物质的限量要求》（GB 38400—2019）标准，是生产绿色无公害农产品的首选肥料。适用于蔬菜类、果树类作物等。

本产品能促进植物根系发达，健壮成长，吸收养分的能力增强，提高光合作用，提高农作物抗病、抗寒、抗旱、抗重茬能力，达到增产效果，对施用化肥造成的土壤板结有缓解作用，快速修复土地，促进植物吸收原施用化肥的未消化部分。

典范产品3：“沱江红”牌有机肥料

产品特点

本产品以动植物残体为有机质原料，经完全腐熟后制得，能为土壤提供比较全面的养分，增加土壤有机质和培肥地力，减少农药施用，使产品免受污染，优化土壤生态环境，改善农产品品质，让农产品味道回归自然，深受大众欢迎。

本产品能满足作物生长需要的部分氮、磷、钾，又有丰富的有机质、腐植酸、氨基酸等多种营养元素。在生产过程中，严格把控质量关，符合国家《有机肥料》（NY 525—2012）、《肥料中有毒有害物质的限量要求》（GB 38400—2019）标准。

本产品适用面广，增加土壤有机质，消除土壤板结，提高土壤活性，促进土壤良性循环，保持土壤生物生态平衡，减少重茬病害发生。水旱作物、蔬果花卉、中草药等各种作物与各种土质均适用，特别对贫瘠土壤有特效，还能减少环境污染，对人、畜、环境安全、无毒。

联系人	唐远明	联系电话	13982926696
传　真	028-27243968	电子邮箱	1444986081@qq.com
通信地址	四川省简阳市白塔路340号	网　址	无

四川省眉山益稷农业科技有限公司

四川省眉山益稷农业科技有限公司成立于 1996 年，2012 年改制为公司，是眉山市有机肥工程技术研究中心，并与四川大学共建"四川大学－益稷有机肥研究中心"，是四川大学环境生物技术研究中心有机肥工业化试验基地，公司致力于打造"技术与规模双领先"的有机肥生产企业。

公司聘请木田建次教授为首席技术顾问，自主创新，利用秸秆、菌渣、油枯、醋渣等农业废弃物，生产优质的有机肥料，避免焚烧秸秆而造成环境污染，形成可持续发展的循环农业经济模式。

公司具有丰富的有机肥生产经验，完善的质量、环境、职业健康管理体系，强大的客户资源网络，优质的产品体系架构。拥有各项专利授权 11 项，获得环保生态产品、有机投入品等认证。公司本着"诚实经营，服务农业，保护环境，益在社稷"的经营理念，秉承"益稷、益农、益企、益己"的核心价值观，致力于打造现代农业综合服务平台，在"农资—农技—农产品"全产业链上为客户创造价值。

典范产品1："益稷"牌有机肥料

产品特点

本产品选用油菜秸秆、一次性菌渣、醋渣、菜籽粕、豆粕等高活性优质有机原料，有效保证了产品安全性、高效性和有机质多样性，再添加纤维素酶活性高的复合发酵菌剂，采用槽式高温好氧发酵工艺，经过长达 60 天以上的发酵腐熟制成。具有改善土壤团粒结构、疏松土壤、培肥地力、改善作物品质、提高产量的作用。

推广效果

本产品实际应用于仁寿 2 万亩果园，于 2017 年 10 月每亩投入 5t 进行土壤改良，效果卓越。

典范产品2："益稷"牌有机肥料（腐植酸型）

产品特点

本产品选用了多种高活性优质有机原料和腐植酸、氨基酸，并且添加针对性的发酵腐熟菌剂，经过长达 60 天以上的发酵腐熟制成，比传统有机肥料的效果更优。具有改良土壤团粒结构、提高肥料利用率、刺激土壤微生物繁殖、促进作物生长、螯合中微量元素和解磷解钾的作用。本产品腐熟度高，安全优质。

典范产品3："益稷牌"橘动力™生物有机肥

产品特点

本产品是经过 26 年土壤改良经验摸索，重磅推出的主要用于活化土壤的专用有机肥，由四川大学－益稷有机肥研究中心提供技术支持，引进日本先进的堆肥工艺、根据《生物有机肥》（NY 884—2012）行业标准生产，是一款为解决土壤问题而研发的功能性特肥。

本产品采用日本先进中高温槽式好氧发酵工艺，严选优质发酵菌剂，严格控制发酵槽中的温度、湿度、氧气浓度等因素，调节最适的碳氮比，使发酵原材料发酵更彻底，更全面和更稳定。特别添加巨大芽孢杆菌，使本品施入土壤后，与原有的有益微生物形成共生增殖关系，抑制有害杂菌生长，相互作用和促进，起到群体的协同作用，有益菌在生长繁殖过程中产生大量的代谢产物，促使有机物和被土壤固定的无机养分分解转化，能直接或间接为作物提供多种营养和生物刺激素，促进和调控作物生长，减少化学肥料的损失，提高化学肥料的利用率。

联系人	杨龙英	联系电话	13378363710
传　真	无	电子邮箱	503758110@qq.com
通信地址	四川省眉山市东坡区松江镇光荣村8组	网　址	www.scyjny.com/

四川省鑫铃肥业有限公司

四川省鑫铃肥业有限公司创办于 2002 年，是一家集研发、生产、销售、传播于一体的新型磷肥中大型民营科技企业。长期扎根土地，以节约资源、保护环境、呵护土壤、维护粮食安全作为企业发展要求。针对不同土质、不同作物需求，采用各种优质原料，科学配方，自主研发生产出多个品牌系列的有机、环保生态新型磷肥产品，目前荣获国家专利 13 项，其核心技术的推出已达到了国内领先、国际先进水平。

典范产品：聚氨锌马铃薯专用肥

产品特点

本产品是新型生态有机磷肥，富含中量元素钙、镁、硫，有机质和微量元素铜、铁、锌、硼、肽等各种营养元素，起到了磷肥形态速效及缓释效果，具有稳定作物生长、改良土壤的功能。生产过程中，通过物理加工增加含水率，有效成分不改变。可攻克土壤重金属的污染难题，改善土壤营养状况，促进生态农业的发展和食品安全。

联系人	赵关成	联系电话	15181508952
传　　真	0834-5685696	电子邮箱	1973250288@qq.com
通信地址	四川省会理县	网　　址	www.zgxxlf.cn

四川天华股份有限公司

四川天华股份有限公司系泸天化（集团）有限责任公司旗下，是以化肥生产为基础，积极从事化工新产品开发和生产的大型国有控股企业。公司成立于1993年，注册资金1.64亿元，现有总资产37亿元，现有员工1 000余人，占地面积3 000余亩。

公司以化工产品生产为主，是西部化工城骨干工业园区大型化工企业之一，现拥有年产30万t合成氨、52万t尿素和2台220t/h、1台75t/h燃煤锅炉等配套供热装置。

公司成立至今，实现工业总产值220多亿元，累计上缴利税16亿多元，为国家、社会做出了应有贡献。公司全面推行标准化管理，持续提升产品质量，"天华"牌尿素多次蝉联四川省名牌产品称号。公司先后获评省级最佳文明单位、全国学习型组织先进单位、全国实施卓越绩效模式先进企业、四川省首批工业生态园区，获全国五一劳动奖状等多项荣誉，并连续7年入选中国"能效领跑者"企业。

公司秉承对社会负责、对股东负责、对员工负责的经营理念，诚信经营，拼搏进取，积极推进企业向着科技含量高、经济效益好、资源消耗低、环境污染少、人力资源充分发挥的路子迈进，着眼于化肥产品优质化，实现公司的持续发展、绿色发展和高质量发展。

典范产品：尿素

产品特点

尿素是中性肥料，易溶于水，长期施用对土壤没有破坏作用，适用于各种土壤和多种作物，最适合作追肥，特别是根外追肥效果好。施入土壤后除少部分直接被作物吸收利用外，大部分是在土壤中脲酶的作用下转化成碳酸铵再供作物吸收，可在作物的需肥期之前3～8天施用。

联系人	徐良辉	联系电话	18982493698
传　真	0830-5483155	电子邮箱	11528407451@qq.com
通信地址	四川省泸州市合江县临港街道 四川天华股份有限公司	网　址	www.scth.com.cn

四川金象赛瑞化工股份有限公司

四川金象赛瑞化工股份有限公司成立于2003年5月，员工1000多人，以生产销售化工原料、化肥为主营业务，具备年产42万t三聚氰胺、215万t硝基复合肥等产品的生产能力，分别名列全球、全国第一，2019年实现营业收入17.6亿元。公司是国家高新技术企业、工信部"绿色工厂"，综合实力位列中国氮肥行业50强、中国石油和化工民营企业100强、四川省民营企业100强。

通过自主研发和创新，公司已全面拥有循环经济产业链各环节的核心技术，其中三聚氰胺生产技术居世界领先水平，获省、中氮协科技进步奖16项，其中特等奖3项、一等奖5项，拥有219项国内外授权专利，"节能节资型气相淬冷法蜜胺生产系统及其工艺"专利先后在韩国、日本、美国、欧盟等国家和地区获得授权，形成了技术创新及储备的可持续发展局面。

近年来，公司积极响应国家及省市政府号召，以创新驱动为公司发展主题。在持续提升传统产业的同时，大力发展高新材料、高性能催化剂以及绿色工艺技术为主线的新兴产业，努力实现由基础原料向精细化工、高分子材料、低碳绿色基地转变。公司产品获四川省质量对标提升达标产品称号、第二批绿色造工厂称号，取得环保生态产品认证。

典范产品1：复肥

产品特点

本产品使用高含量的全水溶原料，除有效化学成分外，其余杂质、重金属、有害物质及化合物含量接近于零。硝基复肥产品配方多样，养分均衡全面，对农作物及土壤无有害残留物，在使用方面具备了与传统肥料不同的众多优点。由于其为全水溶性的粒状产品，可穴施、撒施、滴灌等，既适用于传统施肥也适用于现代农业需要的滴灌、冲施及叶面施肥等施肥需求，节约灌溉用水并提高劳动效率，提高肥料利用率达20%～30%，有减肥增效效果。

典范产品2：基础肥料

产品特点

本产品属水溶肥料，采用天然气生产合成氨、尿素、硝酸为原料生产，以氨态氮、硝态氮为主要养分，其余杂质、重金属、有害物质及化合物含量接近于零，对农作物及土壤无有毒有害残留物，在使用方面具备了与传统肥料不同的众多优点。由于其为全水溶性的液体或粒状产品，可穴施、撒施、滴灌等，既适用于传统施肥也适用于现代农业需要的滴灌、冲施及叶面施肥等施肥需求，节约灌溉用水并提高劳动效率，提高肥料利用率达 20% ~ 30%，有减肥增效效果。

典范产品3：水溶肥料

产品特点

本产品采用具有高含量的全水溶原料，除有效化学成分外，其余杂质、重金属、有害物质及化合物含量接近于零。水溶肥产品配方多样，养分均衡全面，对农作物及土壤无有毒有害残留物，在使用方面具备了与传统肥料不同的众多优点。由于其为全水溶性的液体或粉装或粒状产品，可穴施、撒施、滴灌等，既适用于传统施肥也适用于现代农业需要的滴灌、冲施及叶面施肥等施肥需求，节约灌溉用水并提高劳动效率，提高肥料利用率达 20% ~ 30%，有减肥增效效果。

联系人	何文华	联系电话	13086488983
传　真	028-38183837	电子邮箱	365375120@qq.com
通信地址	四川省眉山高新技术产业园区（西区）	网　址	www.jxgf.com/news.php

成都惠森生物技术有限公司

成都惠森生物技术有限公司运用自主研发、生产具有土壤修复功能的全系列微生物肥料，对农耕地开展"培肥地力、耕地质量提升""农残、重金属降解与治理"等农业综合技物服务；对接区域农业产业经济提升项目，实施产业"前中后"全程社会化服务，涉及蔬菜、柑橘、瓜果、烟草、茶叶、中药材、水稻等多个作物领域，与京东集团在销售端深度合作为服务用户提供赋能和助力，实现"产好品，卖优价"的目标。

历经 10 年不懈努力和沉淀，公司出品了"天地惠森""菌宝兄弟"等自主品牌系列产品。公司以尊重自然、和谐共生的生态文明思想观作指引，秉承"科学求实创一流产品，严谨认真铸知名品牌，诚信善勤创百年企业"的理念，以修复改良土壤、构建土地安全体系为发展方向，力争成为微生物菌剂、微生物肥料领域的领先者、土壤修复行业的倡导者及领导者，农业产业化服务的领跑者。

典范产品1：生物有机肥料

【技术指标】巨大芽孢杆菌、胶冻样类芽孢杆菌，有效活菌数 ≥ 2 000 万个 /g；有机质 ≥ 40%；水分 ≤ 30%；pH=5.5 ~ 8.5

产品特点

选用菌渣、中药渣、油枯、腐植酸等主要原料，采用先进工艺充分腐熟并根据作物生长需要，科学配比一定量的中微量元素，添加有益微生物菌制成的新型生物有机肥。本品能培肥地力、改良土壤、平衡养分、促进作物生长、改善品质、降低病虫害发生，是生产绿色有机产品的首选肥料。

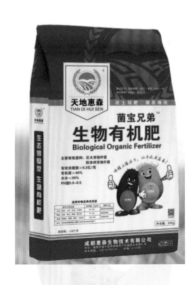

典范产品2：精制有机肥

【技术指标】有机质 ≥ 45%；$N+P_2O_5+K_2O \geq 5\%$

本产品主要成分为植物源有机质，含腐植酸和中微量元素。

产品特点

1. 改良土壤、培肥地力。

2. 增强抗力、减少病害。

3. 平衡养分、肥药双减。

4. 提高品质、增加产量。

典范产品3：复合微生物肥料

【技术指标】巨大芽孢杆菌和胶冻样类芽孢杆菌，有效活菌数 ≥ 0.2 亿 /g；$N+P_2O_5+K_2O=25\%$；有机质 ≥ 25%

本产品为"4合1"全能新型绿色产品。

产品特点

1. 满足作物所需氮、磷、钾大量元素。

2. 产品富含大量有益微生物功能菌，可抑制土壤中有害病菌，提高作物抗性，降低病虫害发生。

3. 产品富含有机质、腐植酸，有培肥地力修复土壤作用。

4. 添加适量中微量元素，能有效提升作物品质，提高农产品商品率。

5. 可根据土壤检测指标进行定制化测土配方。

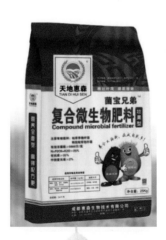

联系人	何军	联系电话	13708074466
传　　真	028-87348876	电子邮箱	
通信地址	四川省武侯区科华北路133号 川大科创中心311#	网　　址	www.hssswjs.com

成都市四友生物科技有限公司

成都市四友生物科技有限公司（前身：成都市四友化学工业有限责任公司）创始于1996年12月，总部位于成都高新技术产业开发区萃华路89号，是一家从事农业领域节能环保型生物制品和土壤投入品的科研、生产、经营及农业生产社会化服务四位一体的农业产业化经营省级重点龙头企业、四川省测土配方肥定点企业、国家高新技术企业。

公司下设农业生物技术研究中心、泸州分公司、产品应用试验基地，崇州、彭州（分公司）、温江（分公司）3个产能达20余万t的生物有机肥、功能性复合肥、功能性水溶肥、土壤调理剂、土壤改良剂、微生物菌剂的标准化生产基地。

先后承担和组织实施省市科技、经信部门等各类科技项目10余项，完成科技成果鉴定1项，获得专利28项，实质审查16项。稳步推进和实施知识产权向创新产品和服务的转移转化，开发了海藻酶解技术"壤优佳"系列、碳基功能肥"友友命根子"系列、黄腐酸钾功能肥"顺沃"系列、（花椒、茶叶、蔬菜、水蜜桃、柑橘等）作物专用肥、土壤调理剂等环境友好型创新产品，产品重点覆盖我国西部主要农作物种植区。

典范产品1：有机肥料

剂型	技术指标	登记证号
粉剂	有机质≥45%；$N+P_2O_5+K_2O≥5\%$	川农肥（2013）准字2767号

产品特点

本产品选用对土传病害有明显遏制作用的烟末和纯植物源原料（菜籽粕、中药药渣、酒糟粉等）为基质，添加对土壤有益的多元微生物功能菌和酶解海藻活性萃取物、矿物源黄腐酸等。可改良土壤团粒结构、活化土壤；增加土壤有益微生物活动口粮；储肥保水提高肥料利用率；提升作物品质、改善农产品口感、增强作物抗病抗逆能力。

典范产品2：生物有机肥料

剂型	技术指标	登记证号
粉剂	有机质≥40%；有效活菌数≥0.2亿/g	微生物肥（2018）准字4912号

产品特点

　　本产品以对土传病害有明显遏制作用的烟末和纯植物源原料（菜籽粕、中药药渣、酒糟粉等）为基质，配合枯草、地衣、胶冻样芽孢杆菌等土壤有益微生物菌种组合，并经过新技术发酵而成。含有解磷、解钾、固氮微生物，通过其生命活动，能增加作物营养供应量的微生物制品。本产品作用全面，既能改善作物营养，又能促生、抗逆、抗病，还能增强土壤生物活性，做到了各菌种间相互促进，有机、无机与微生物相互促进，因而肥效持久，增产效果好。产品含高活性海藻酸及大微量营养元素，能有效调节土壤团粒结构，改善作物根系生长环境，促进作物根系发育，提苗壮苗，增强作物抗逆能力。

典范产品3：复合微生物肥料

剂型	技术指标	登记证号
粉剂	枯草芽孢杆菌，有效活菌数≥0.2亿/g；有机质≥20%；N+P$_2$O$_5$+K$_2$O≥8.0%	微生物肥（2018）准字（4913）号

产品特点

　　本产品富含有机质、多元微生物菌群，能有效改善土壤生物活性，增加土壤通透性，长期使用对根线虫和土传病害有明显遏制。本产品针对连作障碍，关键技术在于消解土壤中积累的作物自毒物质，能在解决土壤盐渍化、酸化的同时，优化土壤中的微生物菌落平衡，抑制各类突传病害的发生，使失衡的真菌性土壤向细菌性土壤转化。

联系人	谭仁爱	联系电话	13882257988
传真	028-61539277	电子邮箱	3166469247@qq.com
通信地址	成都市高新区萃华路89号天府三街国际节能大厦B座	网址	www.cdsiyou.com

台沃科技集团股份有限公司

　　台沃科技集团股份有限公司从 1996 年开始研究测土配方施肥,1998 年推广作物专用配方肥,2003 年正式成立公司,针对不同地区、不同作物、不同生育期等已研发出 400 多个配方。台沃作物专用配方肥,在显著提高农产品产量的同时,有效提高农产品品质,满足现代农业"轻减、高效、环保、健康"要求。目前,公司已成为农业产业化国家重点龙头企业、国家高新技术企业、国家知识产权优势企业、全国土壤修复增效示范企业、全国配方肥推广百强企业。二十四年磨一剑,公司始终坚持科技兴企、人才强企、品牌立企的发展战略,奋力打造农民科学种田服务领军企业,打造作物专用配方肥第一品牌,力争为促进农民增收增产致富和现代农业发展做出新的更大贡献。

　　公司产品制造过程从节能减排、节本增效出发,采用匀质化冷造粒工艺(公司专利工艺生产:全过程使用物理粉碎挤压,没有高温加热的能源消耗;全用物理法制造,没有化学反应造成的原材料浪费;物理法制造没有化学反应产生有害物质导致大气及水的污染等)。同时,为最大化降低噪声污染,所有会产生噪声的设备均采用地埋式安装。

典范产品1: 水稻优化配方复混肥料

产品特点

　　根据水稻不同生育期需肥规律,添加各种肥料配比成分,特别是相应适量的中微量元素(比如水稻有益元素硅);根据水稻田土壤特性,确定每种元素的养分形态,确保其与土壤之间、多形态原料之间产生协同作用。所有原料严格控制检验,确保符合《肥料中有毒有害物质的限量要求》(GB 38400—2019)。

推广效果

　　该产品长期在四川、新疆、黑龙江、江苏、安徽等地试验,确保符合当地土壤水稻生长情况,并不断对配方优化。试验结果表明该产品能够使肥料利用率提高 8.5% 以上,肥料用量减少 20% ~ 25%,最终增产增收 10% 左右,还能钝化部分重金属。该产品已在水稻双减增效项目中展开应用。

典范产品2：柑橘柠檬优化配方复混肥

产品特点

柑橘柠檬平衡施肥营养套餐主要是针对柑橘柠檬不同生育期需肥特性，在主要需肥期分别制作配方。基肥或者萌芽坐果期使用的配方肥含氮量相对较高，促进基础生长；膨大壮果期使用的配方肥磷钾含量相对较高，促进果实膨大；着色期使用的配方肥钾含量更高，不仅提高果实糖分，还能够使果实着色均匀颜色亮丽，提高品质。每种配方还添加特定的中微量元素，增加柑橘柠檬抗病性等。所有原料严格全检，确保符合《肥料中有毒有害物质的限量要求》（GB 38400—2019）。

推广效果

柑橘柠檬优化配方肥在四川多地均已试验多年，柑橘柠檬配方经过多次调整优化，目前配方技术比较成熟，值得推广。柑橘柠檬平衡施肥营养套餐搭配使用，能够减少肥料用量15%以上，最终增产增收10%左右。台沃柑橘柠檬平衡施肥营养套餐获得2020年度品质柑橘·匠心优品匠心优秀解决方案荣誉称号。

联系人	钟萍	联系电话	0816-2754366 （13408163575）
传　真	无	电子邮箱	taiwoagri@126.com
通信地址	四川省绵阳经济开发区绵州大道199号万达CBD21栋25楼	网　址	www.taiwoagri.com

贵阳开磷化肥有限公司

贵阳开磷化肥有限公司是从 1988 年成立的贵州开磷集团息烽重钙厂发展演变而来的国有大型磷复肥生产企业,地处贵阳市息烽县小寨坝镇,位于省城贵阳和历史名城遵义之间,交通十分便利。2019 年 6 月,开磷、翁福重组为贵州磷化集团后,现为磷化集团下属的三级子公司。

公司依托贵州开磷集团优质的磷矿石资源,生产富含硫、钙、镁等农作物所需的多种微量元素的系列磷复肥产品。经过 30 多年的发展,目前公司拥有 179 万 t 高浓度磷复肥生产能力,同时掌握具有完全自主知识产权的新型肥料生产技术和成套生产装置,可生产磷酸一铵、磷酸二铵、工业级磷酸一铵、工业级磷酸二铵、海藻酸二铵、NPS、NPS+R、DAP+ 等增值磷复肥品种。公司产品内在质量稳定,水溶磷含量高,多项质量指标高于国家标准,产品外观粒子饱满、圆润、通透感好,产品中各项生态指标远低于《肥料中有毒有害物质的限量要求》(GB 38400—2019)标准,取得了绿色环保认证标志。

公司坚持"追求品质,生产精致、高效、满意的优质产品"的质量方针,建立了 QHSE 管理体系。2009 年,公司顺利通过了澳大利亚农业部组织的澳肥 AQIS(现变更为 DAWR)认证,为公司产品出口澳大利亚、新西兰等大洋洲国家创造了条件。

生产过程中加强生产用原料和过程控制,按照环保生态肥认证实施规则要求,严格管控,确保了产品中的有毒有害物质低于 GB 38400—2019 标准中限量的要求,且通过北京中化联合认证公司现场认证,获得环保生态肥认证标志,是名副其实的无污染、无公害的绿色环保肥料。

典范产品1:磷酸二铵

产品特点

本产品选用公司自产优质磷矿石为生产原料,采用二水法湿法磷酸萃取工艺生产稀磷酸,通过浓缩澄清后,得到的较纯净的浓磷酸,与液氨反应,经造粒、干燥、筛分等工序后制得。产品中除含有氮、磷两种农作物必需的营养元素外,还含有钙、镁、硫等多种农作物生长有益的其他营养元素。产品颗粒光滑圆润、色泽纯净通透、强度高、不结块,贮存和运输过程中不易粉化,特别有利于机械施肥。产品具有水溶磷高,水溶性较好的特点,有利于农作物吸收和减少土壤残留。

本产品有优等品和一等品两种规格,根据客户需求,可以生产本色,黄色和咖啡色等多种颜色,还可根据客户要求添加硫、锌、硼元素。

典范产品2：高硫加锌二铵

产品特点

本产品由经澄清后较纯净的浓磷酸和粒状硫黄通过研磨乳化后，与液氨在管式反应器中进行反应，经造粒、干燥、筛分等工序后制得。产品中除含有氮、磷两种农作物必需的营养元素外，还可以根据客户要求添加单质硫、锌等元素。该产品因添加硫黄，产品呈淡黄色，具有颗粒光滑圆润、颜色稳定、强度高、不结块，贮存和运输过程中不易粉化的特点。产品中硫为单质硫，具有缓释功能，更有利于农作物的吸收，减少硫元素的流失。

典范产品3：重过磷酸钙

产品特点

本产品采用公司自产优质磷矿石为生产主要原料，采用二水法湿法磷酸萃取工艺生产稀磷酸，通过浓缩澄清后，与磷矿粉反应，经熟化后，通过造粒、干燥、筛分等工序制得。产品中磷含量高达46%以上，是目前磷含量最高的单一基础磷肥，可以直接施用，也可以作为原料生产复合肥，掺混肥等。

本产品外观呈灰黑色，颗粒光滑，抗压强度高，不结块。产品中游离酸和水分指标通过不断优化，远优于国家标准。该产品具有养分含量高，水溶性好，易于农作物吸收，特别适用于作底肥，适应于各种土壤和作物的特点。使用后能增强农作物的抗逆性（抗旱、抗寒、抗倒伏），大幅提高农作物产量。

联系人	罗焕勇	联系电话	15185131636
传　　真	无	电子邮箱	3247622855@qq.com
通信地址	贵州省贵阳市息烽县小寨坝镇	网　　址	无

贵州开磷集团矿肥有限责任公司

贵州开磷集团矿肥有限责任公司位于贵州省贵阳市开阳县金中镇大水工业园内,有30.6km的专用准轨铁路与川黔铁路干线小寨坝站接轨,有金阳公路、金开公路分别与贵遵高速公路和贵遵复线高速公路相通,交通十分便利。

公司于2006年8月16日成立,现注册资金12.5亿元,占地面积约4 696.37亩,在册职工1 655人。2019年实现销售收入42.98亿元,资产总额122.67亿元。

公司拥有磷复肥生产能力310万t/年(其中,磷酸二铵270万t/年、磷酸一铵40万t/年),湿法磷酸产能120万t/年(100% P_2O_5),硫酸产能380万t/年,碘回收产能50t/年。配套建设有余热发电装置5套、热水发电装置1套和铁路专用站台2个。

典范产品1:68%精品磷酸二铵

公司属国内首家自主研发生产68%磷酸二铵的企业,新产品采用矿浆脱硫、一级压滤、二级压滤的方式,减少了磷酸中的氟、镁、铁、不溶物、固体杂质等,大大提高了肥料的养分和水溶性。

产品特点

本产品总养分≥68.0%,其中,氮19%、磷49%。产品外观圆润,颗粒饱满均匀,无机械杂质,其水溶磷≥95%。经过专业的检测机构检测,各项指标均合格,并申报了企业标准。

典范产品2:64%本色磷酸二铵

产品特点

本产品总养分≥64.0%,其中,氮≥16%、总磷≥46%。是利用开阳县金中镇磷矿特有的高品位磷低杂质矿石生产的磷酸二铵产品,无任何添加剂,仅是利用磷矿石生产的湿法磷酸和氨反应得到产品,纯天然,无污染。产品水溶性好,植物吸收好。

典范产品3：66%粉状磷酸一铵

产品特点

本产品总养分 ≥ 66.0%。是利用传统料浆法，把浓磷酸经过脱硫、杂质过滤等工序，除去浓磷酸里的硫酸根、氟、铁、不溶物等杂质生产而成。在原生产装置基础上断开二效轴流泵和原生蒸汽使用，生产成本更低，生产出来的产品外观、水分、养分等各项指标都能达到标准。

本产品水溶性极好，可作为水溶滴灌肥使用。

联系人	项双龙	联系电话	13985046694
传　真	无	电子邮箱	无
通信地址	贵州省开阳县金中镇	网　址	无

贵州开磷息烽合成氨有限责任公司

贵州开磷息烽合成氨有限责任公司是贵州磷化集团下属子公司，于 2008 年 8 月 26 日在息烽县工商行政管理局注册成立。公司位于贵阳市息烽县小寨坝工业园区，占地 1 170 亩，交通便利，地处 210 国道旁，距川黔铁路小寨坝站 2.2km，距贵遵高速公路小寨坝站 1.5km。注册资金 271 460.16 万元。公司下设生产部室及职能部室共 14 个，现有职工 1 125 人。

贵州开磷息烽合成氨有限责任公司生产装置有四大板块：液氨生产系统，一期 30 万 t 合成氨，二期 30 万 t 合成氨；复合肥生产系统，60 万 t 高塔造粒（硝硫基、硝氯基、自控肥、脲基）复合肥、27 万 t 硝酸、40 万 t 硝酸铵溶液、10 万 t 高塔全水溶复合肥；季戊四醇生产系统；磷业系统。

典范产品1：复合肥料高塔硝硫基（N：P$_2$O$_5$：K$_2$O=16：8：21）

产品特点

氮采用自产硝酸铵溶液，原料纯净，硝态氮和铵态氮完美结合，满足农作物生长各阶段的养分需要求。磷采用自产磷铵，水溶性磷含量 90% 左右，水溶性好，肥料利用率高。钾采用优质硫酸钾和适量磷酸二氢钾原料，产品溶解快，吸收好。优质磷矿石中的钙镁硅等中微量元素协同作用促进作提高抗逆能力，改善农产品品质、风味。产品硝态氮含量高含硫丰富，特别适用叶菜、瓜豆类，以及辣椒、葱、蒜、葡萄、桃子、香蕉、荔枝、龙眼、西瓜、金柚、甘蔗、菠萝、草莓等各种果蔬作物施用。肥料不染色，不添加任何着色剂，产品环保，是滴灌、淋施、喷施的理想肥料。

典范产品2：复合肥料高塔硝硫基（N：P$_2$O$_5$：K$_2$O=15：15：15）

产品特点

氮采用自产纯硝酸铵溶液，合理调配硝态氮和铵态氮的氮形态，满足作物生长对氮元素营养需求。磷采用开磷自产磷铵，水溶性磷含量高，水溶性好。钾采用优质硫酸钾原料，产品溶解快，增强作物抗逆性。工艺特点采用高塔（塔高 120m）熔体造粒工艺，全程电脑监控自动化生产，化学合成，养分均匀。水溶性好，促进吸收，硝态氮含量高，溶解快，氮、磷、钾等营养元素能直接被作物吸收，壮根促苗，提高肥料利用率。肥料不染色，不添加任何着色剂，产品环保，适用于全部作物，传统散播和新型喷灌设备均可使用。

典范产品3：复合肥料高塔硝硫基（N：P_2O_5：K_2O=22：9：9）

产品特点

氮采用自产硝酸铵溶液，原料纯净，硝态氮和铵态氮完美结合，满足农作物生长各阶段的养分需求。磷采用自产磷铵，水溶性磷90%左右，水溶性好，肥料利用率高。钾采用优质硫酸钾原料。产品溶解快，氮、磷、钾营养元素能直接被作物吸收，壮根促苗，减少固定，活化土壤，利用率高。肥料不染色，不含重金属镉和其他有害杂质，富含镁、铁、硫、硅等对人体和作物有益的中微量元素，为作物提供全营养补充。产品适合全部作物，传统散播和新型喷灌设备可直接使用。

联系人	吴有丽	联系电话	13985198475
传　真	无	电子邮箱	1325671541@qq.com
通信地址	贵州省贵阳市息烽县小寨坝镇	网　址	无

瓮福（集团）有限责任公司

瓮福（集团）有限责任公司是国家在"八五""九五"期间为保障国家粮食安全、填补国内高浓度磷复肥空白而建设的五大磷肥基地之一。1990年开工建设，2001年建成投产，2008年实行债转股改制更名为瓮福（集团）有限责任公司。公司现已成为集磷矿采选、磷复肥、水溶肥、磷硫煤化工、氟碘化工生产、农产品种植及仓储贸易、科研、化工品国际国内贸易、行业技术与营运服务、国际工程总承包于一体的国有大型企业。

公司优质健康的磷矿资源加上先进的自主开发选矿技术，使公司生产的复肥产品水溶性磷远高于同类产品，让作物更易吸收，利用率高。有害元素含量低，产品质量符合国家标准。目前，公司已将产业绿色生态化与资源循环利用上升至集团发展战略，推进企业向绿色生态可持续更高端形态演进。

典范产品1：磷酸二铵

本产品是一种广泛适用于蔬菜、水果、水稻和小麦的高效肥料，水溶性磷高达95%，远高于同类产品，让作物更易吸收，利用率高，并在绿色环保持续发展的方向上始终致力于不染色的植物养料的研发生产，深得用户好评。产品曾获中国名牌产品、国家免检产品、中国驰名商标等荣誉称号。

产品特点

1. 水溶性好。水溶性磷95%以上，易溶解、无杂质，水溶后似乳白色牛奶，能直接被作物吸收，利用率高，缓溶快效、后效持久，肥效显著。

2. 功能突出。产品富含钙、镁、硫、硅等中微量营养元素，各元素间协同增效，提高养分吸收率，有效增强作物抗旱、抗寒、缓冲酸碱的能力，有壮根，促籽实饱满，提高产量的作用，使作物能提早成熟、上市。

3. 品质超群。肥料呈中性或略偏碱性，产品颜色呈白色或淡黄色，产品强度高，颗粒光滑圆润，色泽纯净通透，外观润感强，不结块，配伍性好，施用方便，适用于所有农作物和各种土壤。

典范产品 2：磷酸一铵

产品特点

本产品是一种水溶性速效磷肥，水溶性磷 ≥ 95.0%，远高于同类产品，让作物更易吸收，利用率高，有害元素含量低，产品质量符合国家标准。该产品是低氮、高磷的肥料，施在缺磷的土壤上效果很好。

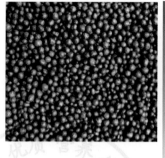

促早熟、抗倒伏、抗逆性强；含有得天独厚的镁元素，有效促进作物光合作用，能显著提高作物产量。

典范产品 3：复合肥料

产品特点

本产品是含有两种或两种以上氮、磷、钾主要营养元素的化学肥料，产品品类多，覆盖广，涵盖作物全生长周期，大田作物、经济作物均可使用。

复合肥料由农技专家提出科学合理的配方，利用瓮福优质磷资源、进口钾肥及优质氮肥等科学配制而成；具有水溶性好、作物吸收率高、使作物抗旱抗倒伏能力强、前期肥劲足、后期肥效长等特点，能满足作物生长各阶段的营养需要，达到作物优质高产、农户增收的目的。

联系人	何廷云	联系电话	13985750736
传　真	453160743@qq.cn	电子邮箱	0851-85526696
通信地址	贵州省贵阳市南明区市南路57号瓮福国际大厦	网　址	www.wengfu.com

遵义大兴复肥有限责任公司

　　遵义大兴复肥有限责任公司由米高集团公司与贵州省烟草投资管理有限公司共同出资组建，于1996年11月建成投产。公司注册资金5 000万元，年产值近3亿元，是一家集生产、销售、科研为一体的综合性企业。公司拥有15万t/年料浆法转鼓造粒复肥生产线和10万t/年高品质水溶肥生产线，同时拥有1条100万套/年漂浮育苗基质生产线、年产5万t有机肥生产线、年产1 000万件漂浮育苗盘生产线。

　　公司先后被指定为全国烟草专用肥定点生产企业、全国平衡施肥和新产品推广企业、全国百家农化服务挂牌企业，先后获贵州省科技进步三等奖、贵州省名牌称号、贵州省优秀企业称号等荣誉。公司通过了质量管理体系、环境管理体系和职业健康安全管理体系认证，2020年2月获得环保生态肥料产品认证，2020年10月获得农业农村部核发的全国生态环保优质农业投入品（肥料）试点单位证书。

典范产品1：烟草专用复混肥料

产品特点

　　本产品采用优质磷酸一铵、硝铵磷、硝酸钾、硫酸钾等原料生产，品质优良，效果显著。硝态氮、铵态氮完美搭配，满足作物生长不同时期的需求。钾含量充足，能满足绝大部分喜钾作物对钾元素的需求。硝态氮含量达40%以上，不含缩二脲。其中，大量元素N% ≥ 10%（其中硝态氮 ≥ 45%）、P_2O_5% ≥ 10%、K_2O% ≥ 24%；中微量元素MgO ≥ 1.0%、B_2O_3 ≥ 0.15%、ZnO ≥ 0.1%。

　　本产品主要适用于烟草作基肥施用，也适用于各旱作农作物（如辣椒、玉米、花椒、番茄、柑橘、猕猴桃等）。能合理、全面地补充作物养分，提高作物抗逆性，如抗病、抗寒、抗涝、抗倒伏能力；增强烟草前期生长爆发力、提高烟叶的干物质积累，也具有保花保果，减少畸形果，增长（块茎类）、增大果实的效果，并能提高果实品质、甜度，从而增产、增收、增效。

典范产品2：大量元素水溶肥

产品特点

　　本产品含大量元素N% ≥ 12%、P_2O_5% ≥ 5%、K_2O% ≥ 38%；中微量元素MgO ≥ 1.0%、B_2O_3 ≥ 0.1%、ZnO ≥ 0.1。

本产品全水溶、溶解快、无残渣、肥效快，能被作物的根系和叶面直接吸收，有效吸收率高出普通化肥一倍多，达到80%～90%，可满足高产作物快速生长期的营养需求。可水肥同施，以水带肥，实现水肥一体化。广泛适用于果树及瓜果经济类作物及粮食作物，尤其适用于西瓜、芒果、荔枝、香蕉、苹果、柑橘、葡萄、番茄、油料作物等。在作物全生育期的移栽后可作基、追肥施用，可以叶面施肥、喷施或浇施、浸种蘸根、灌溉施肥。

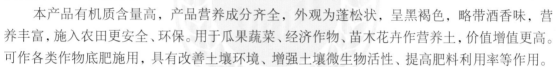

典范产品3：有机肥料

产品特点

本产品为植物型，主要原料有烟梗烟末、酒糟、油饼等。有机质含量≥45%，总养分≥5%。

本产品有机质含量高，产品营养成分齐全，外观为蓬松状，呈黑褐色，略带酒香味，营养丰富，施入农田更安全、环保。用于瓜果蔬菜、经济作物、苗木花卉作营养土，价值增值更高。可作各类作物底肥施用，具有改善土壤环境、增强土壤微生物活性、提高肥料利用率等作用。

持续施用本产品能为农作物提供全面营养，改良土壤，增加和更新土壤有机质，还能给土壤微生物活动提供养料，进而加速有机质分解，产生的活性物质等能促进作物的生长和提高农产品的品质，并改善土壤的理化性质和生物活性，达到土壤改良、产品提质增效的作用。

联系人	宋绍光	联系电话	15121295665
传　真	0851-26654422	电子邮箱	605940584@qq.com
通信地址	贵州省遵义市播州苟江工业园	网　址	无

红河恒林化工有限公司

红河恒林化工有限公司成立于2003年。公司位于云南省红河州弥勒市弥阳镇茶叶塘。公司现有复合肥（有机－无机复混肥）、水溶肥、有机肥生产线各一条。公司秉承"勤奋、务实、竞争、创新"的核心理念，长期与烟草科研、生产单位以及大专院校合作，依靠科学的决策、规范的内部管理，现已发展成为专业从事烟草、葡萄、甘蔗等经济作物专用肥产品研发、生产、销售及技术服务集一体的综合性服务企业。公司本着"质量第一、客户至尊"的质量管理方针，始终把保证产品质量和提高服务水平放在首要位置，认真贯彻"产品质量符合国家、行业标准规定，出厂合格率100%"的质量目标，狠抓产品质量，在用户中树立了良好的信誉及质量口碑。

典范产品1："虹叶"牌烟草专用复合肥

产品特点

本产品严格按照烟草用肥规定要求的质量技术指标要求进行产品的生产、包装和检验。生产过程根据作物特性、需肥规律、产品质量要求，结合不同地区土壤本底值及储水情况，采用优质氮、磷、钾原料，科学配置基、追肥氮、磷、钾养分形态和比例，添加中、微量养分，确保配方产品能满足作物不同生长发育期的养分需求，做到精准施肥。产品满足生态肥料各项指标，生产过程通过对原材料有害物质限量严控、生产加工严格把关质量，重金属各项指标严格按照国家标准严控重金属指标控制，在使农产品增产增量、品质提升的基础上，有效改良土壤、最大限度地减少肥料带来的面源污染。

典范产品2"虹叶"牌烟草专用有机肥

产品特点

本产品使用的原料为100%纯油菜籽，并且仅限于100%压榨法榨油后的油渣，绝不使用萃取法萃取后的油渣和添加其他原料，原料中有害物质和重金属含量符合《有机肥料》（NY 525—2012）标准要求，发酵采用深槽增氧发酵和二次条式熟化工艺技术，发酵过程针对油菜籽油渣原料碳氮比低、氮磷钾矿质养分含量高，并富含蛋白质和粗脂肪物质的特点，采用蛋白酶菌作为生物发酵菌剂，确保在低温、低湿环境下进行生物发酵。

推广效果

在云南曲靖、昆明、文山、红河、玉溪等主产烟区广泛使用，能有效促进烟株生长发育，改善烟叶外观质量，协调烟叶内在化学成分，提高烟叶香气质和香气量，增加中上等烟比例和施肥效益。

联系人	亢一郎	联系电话	13769447310
传　真	0873-6161899	电子邮箱	88913225@qq.com
通信地址	云南省红河州弥勒市弥阳镇茶叶塘	网　址	无

陕西枫丹百丽生物科技有限公司

陕西枫丹百丽生物科技有限公司位于陕西省宝鸡市千阳县建陶产业园 3 号路东，主要从事微生物菌剂与菌肥的研发、生产与营销及现代有机果品生产基地建设。公司现拥有全套先进的农用微生物菌剂生产线和检测设备，建有液体发酵车间、固体发酵车间、中试车间、包装车间、检验室等，年设计产能固态微生物肥料 8 万 t、液态微生物菌剂 5 000t。公司创建世界菌种引进、协作平台，同时与法国、日本等多家国际先进微生物技术企业及研究机构协作，引进利用国际先进的农业微生物菌种及制备工艺，生产生物菌肥及农用微生物制剂，承接或参与过多个省级及国家级项目，并拥有多项核心技术和知识产权，属于高新技术企业，多年来多次获得行业内各类奖项。

典范产品1：微生物菌剂

剂型	技术指标	登记证号
粉剂	有效活菌数≥2.0亿/g	微生物肥（2019）准字（6615）号

本产品是采用公司自主选育的优良菌种研制而成的一款农用微生物菌剂，经多年田间试验应用验证，可以有效预防由于真菌病原菌引起的植物病害及土传病害，基施、追施均可使用。

产品特点

1. 本产品施入土壤后益生菌迅速繁殖扩大，形成优势菌种，对土壤中有害菌群起到抑制和杀灭的作用，大大减轻真菌病原菌引起的土传病害。

2. 富含的益生菌可以改良盐碱、盐渍化土壤，有效减少其对作物的危害。

3. 与化肥配合使用可以提高化肥利用率，保水保肥。

4. 与农家肥配合使用作底肥，可以有效提高农家肥肥效。

5. 提高种子发芽率，促生根，使苗长势好。

典范产品2：微生物菌剂

剂型	技术指标	登记证号
液体	有效活菌数≥2.0亿/mL	微生物肥（2018）准字（3549）号

产品特点

1. 富含多种发酵代谢产物，且添加的活性菌株可分泌抗菌物质，对多种病原菌具有明显的拮抗作用，可诱导植株产生抗性和分泌促生长因子等。

2. 可快速定殖在根系周围，活化根际土壤，进而促进根系生长。

3. 形成土壤团粒结构，有效吸附化肥水溶液，减少流失淋失，提高化肥利用率。

典范产品3：生物有机肥

剂型	技术指标	登记证号
粉剂	有效活菌数≥0.20亿/g；有机质≥40.0%	微生物肥（2018）准字（3548）号

本产品采用优质微生物菌种，以天然有机物质为主要成分，经过长期腐熟发酵，形成腐殖质化有机质，获得多种有益微生物的代谢产物，促进根系生长。

产品特点

1. 增加土壤有益微生物菌，改良土壤结构，促进土壤团粒结构的形成。

2. 腐殖质化有机质，保水保肥，提高化肥利用率。

3. 促进作物根系生长，有益微生物在根际形成优势菌群，均衡土壤环境。

4. 富含多种促生长类代谢物，促进植物根深叶茂、开花坐果、果实成熟。

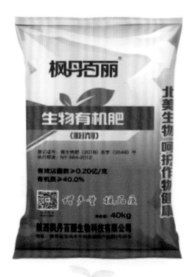

联系人	王灵敏	联系电话	18712899718
传　　真	0335-8585708	电子邮箱	mmtl70@163.com
通信地址	河北省秦皇岛市海港区经济技术开发区松花江西道3号	网　　址	www.fengdanbaili.com

国投新疆罗布泊钾盐有限责任公司

国投新疆罗布泊钾盐有限责任公司成立于 2000 年 9 月,2004 年成为国家开发投资集团有限公司控股企业。公司现有资产总额 68.42 亿元,以开发罗布泊天然卤水资源制取硫酸钾为主业。公司建有年产 160 万 t 硫酸钾生产装置、年产 10 万 t 硫酸钾镁肥生产装置,是世界最大的单体硫酸钾生产企业。公司成立后,依靠自身科技实力,借鉴国内外盐湖开发经验,在艰难中起步、探索中前进,自 2000 年起,在罗布泊腹地开展了探索性试验、小试、中试,建成了工业试验厂项目和年产 120 万 t 钾肥项目,创造了"罗钾速度"和"罗钾质量",在"死亡之海"谱写了辉煌篇章。公司拥有国家级企业技术中心,被评为国家技术创新示范企业,累计获得专利 60 项。公司先后两次获得国家科技进步一等奖、第四届中国工业大奖,被评为工信部第二批制造业单项冠军示范企业。

典范产品 1:农业用硫酸钾

产品特点

本产品以取自沉睡亿万年的罗布泊盐湖矿床中硫酸镁亚型富钾卤水为原料生产而成,具有纯天然、绿色、高品质的特点。可以促进作物对磷的吸收,促进作物生长酶、维生素、碳水化合物、蛋白质及脂肪的形成。可增强作物的抗寒、抗旱、抗虫、抗药害的能力。适用于各种作物,尤其适用于蔬菜、果树、烟草、茶叶和花卉等经济作物。硫酸钾提供作物生长时所必需的钾、硫等养分,是一种优质高效的新型钾肥。本产品还是优质复合肥、掺混肥的生产原料。

典范产品2：硫酸钾镁肥

产品特点

本产品以取自沉睡亿万年的罗布泊盐湖矿床中硫酸镁亚型富钾卤水为原料生产而成，具有纯天然、绿色、高品质的特点。与传统的硫酸钾产品相比增加了镁元素，大大地促进了作物的光合作用。可以促进作物对磷的吸收，促进作物生长酶、维生素、碳水化合物、蛋白质及脂肪的形成。

本品富含的益生菌可以改良盐碱、盐渍化土壤，有效减少其对作物的危害，与化肥配合使用可以提高化肥利用率，保水保肥。

本品适用于各种作物，尤其适用于蔬菜、果树、烟草、茶叶和花卉等经济作物。硫酸钾镁肥提供作物生长时所必需的钾、镁、硫等养分，富含多种促生长类代谢物，促进植物根深叶茂、开花坐果、果实成熟，且本品富含多种发酵代谢产物，且添加的活性菌株可分泌抗菌物质，对多种病原菌具有明显的拮抗作用，可诱导植株产生抗性和分泌促生长因子等是一种优质高效的新型钾肥。本产品还是优质复合肥、掺混肥的生产原料，能从源头上减少农药使用量，保障农作物产量和品质安全。

联系人	李小倩	联系电话	18799650990
传　真	无	电子邮箱	379996420@qq.com
通信地址	新疆维吾尔自治区哈密市伊州区建设西路68号	网　址	www.sdiclbp.com

新疆惠森生物技术有限公司

新疆惠森生物技术有限公司是自治区双高企业、自治区龙头企业、产学研联合开发示范单位、战略新兴产业示范单位、测土配方施肥及土壤有机质提升生产企业、特色林果业科学施肥认定企业，主要从事微生物肥料和其他新型肥料的研发和推广应用。

公司成立以来已获国家专利50余件，是自治区专利试点和示范企业，与多家知名科研院所建立了合作关系，先后承担了国家科技部、发改委和自治区等部门多个技术研发和转化推广项目。企业通过了质量、环境和知识产权管理体系认证，部分产品和示范基地农产品通过了有机产品认证。公司有7个产品取得了农业农村部的肥料登记证。

公司以科技创新、服务"三农"为己任，并已在耕地保护与质量提升等多项政府采购项目中中标，在业内颇具影响力，愿为农业生态的可持续发展、绿色环境保护、优质农产品的发展尽一份企业的社会责任。

典范产品1：微生物菌剂

剂型	技术指标	登记证号
粉剂	有效活菌数≥2.0亿/g	微生物肥（2005）准字（0252）号
液体	有效活菌数≥2.0亿/mL	微生物肥（2005）准字（0252）号

产品特点

本产品是由巨大芽孢杆菌和胶冻样类芽孢菌复合而成的高活性微生物肥料，巨大芽孢杆菌通过分泌有机酸和相关酶将土壤中的无效磷转化为植物可吸收利用的有效磷，在自然界磷素生物转化循环中起了关键性作用；胶冻样类芽孢杆菌，除能利用空气中氮素作氮源外，还能将土壤中难溶的元素转变为可溶状态，为其他作物的生长提供酸、多糖、激素等有利于作物吸收的物质，二者互补互促，对提高肥料利用率、防止土壤板结、提高作物品质、增加产量有显著的作用。

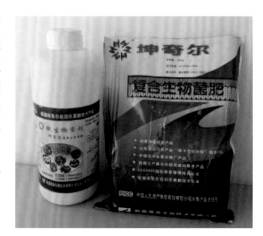

推广效果

本产品在各种农作物上都有大面积推广应用，如猕猴桃、香梨、脐橙、苹果、葡萄、棉花、甜瓜和辣椒等，普遍反映其在提高作物产量、改善农产品品质及防治土传病害方面具有明显效果。

典范产品2：生物有机肥

剂型	技术指标	登记证号
颗粒	有效活菌数≥0.20亿/g；有机质≥40.0%	微生物肥（2011）准字（0724）号

产品特点

"惠森"生物有机肥以高品质肥源为基础，添加"坤奇尔"有机物料腐熟剂经堆肥高温发酵腐熟，并添加高浓缩功能性菌种加工而成，保证了产品的节约化、营养化和无害化。

本品施入土壤后，在多种有益微生物的共同作用下具有净化和修复土壤，改善土壤结构，提升耕地质量，提高肥料利用率等显著功效；增强作物抗逆性，提高抗旱、抗寒、抗病能力，对立枯病、黄萎病、腐烂病也有一定的防治作用，能从源头上减少农药使用量，保障农作物产量和品质安全。

典范产品3：复合微生物肥料

剂型	技术指标	登记证号
液体	有效活菌数≥0.50亿/mL； $N+P_2O_5+K_2O=8.0\%$	微生物肥（2018）准字（4987）号
颗粒	有效活菌数≥0.20亿/g； $N+P_2O_5+K_2O=20.0\%$；有机质≥40.0%	微生物肥（2018）准字（3850）号

产品特点

本产品以有益微生物为核心，是集无机肥的速效、有机肥的缓效和微生物肥的促效为一体的全营养高科技新型肥料，保证产品养分全面均衡。

本产品能改善土壤结构，提升耕地质量，提高肥料利用率等显著功效；增强作物抗逆性，提高作物抗旱、抗寒、抗病能力，对立枯病、黄萎病、腐烂病也有一定的防治作用。

联系人	韩友青	联系电话	13199968753
传　真	0996-2272539	电子邮箱	845592169@qq.com
通信地址	新疆维吾尔自治区库尔勒经济 技术开发区乐悟路3397号	网　　址	www.xjhssw.com

应用试点单位

北京北菜园农业科技发展有限公司

北京北菜园农业科技发展有限公司始于 2007 年,专注有机蔬菜产业十余载,创立北京市著名商标品牌,专注有机农业发展,以有机蔬菜为产品核心。有机种植基地 470 亩,合作有机种植规模 2 000 多亩,年产有机蔬菜超 500 万 kg,全年供应品种 70 余个。被评为国家高新技术企业、北京市农业信息化龙头企业、全国科普示范基地、国家农民合作社示范社、国家蔬菜种植综合标准化示范区、全国农作物病虫害专业化防治示范基地、北京市农业信息化示范基地,是全国农民合作社 24 个典型案例之一。

典范产品1:一休靓瓜

基地平均海拔 500m,光照充足,土壤肥沃,全程精细化管理,让作物自由生长成熟。

杜绝施用激素、保鲜剂等,让黄瓜自然成熟。

瓜体直挺,表皮光滑,呈均匀深绿色,切开后能闻到自然瓜香,瓜肉晶莹诱人,入口脆爽,汁水清甜。

典范产品2:有机贝贝南瓜

基地平均海拔 500m,光照充足,土壤肥沃,全程精细化管理,让作物自由生长成熟。

拳头大小,外皮深绿,有浅绿小条状坑纹,瓜肉呈饱满的金黄色。

含类胡萝卜素,口感粉糯,如板栗酥软香滑,甜度也很高,老少皆宜。

典范产品3:有机奶白菜

基地平均海拔 500m,光照充足,土壤肥沃全程精细化管理,让作物自由生长成熟。

叶色深绿有皱,基部色白渐狭而成宽柄,肉质肥厚,色泽光亮。

富含钙和维生素,纤维少,风味佳,菜质细嫩,微带甘甜,烹炒入汤皆宜。

联系人	程圣萱	联系电话	13699286114
传　真	无	电子邮箱	1147016403@qq.com
通信地址	北京市延庆区康庄镇小丰营村西3 000米	网　址	www.beicaiyuan.com

北京海华文景农业科技有限公司

北京海华文景农业科技有限公司是海华集团旗下的循环农业成果转换基地，位于密云区北庄镇朱家湾村，其北邻密云水库上游的清水河畔，地处国家二级水源保护区内，四面环山，环境优质。

农场占地面积共 400 余亩，拥有 127 个设施农业大棚，主要种植黄瓜、番茄、草莓、葡萄等 30 多种果蔬作物。

农场秉承种养结合的有机循环种植模式，坚持使用自有牛粪发酵的有机肥作为农作物生长的肥料，运用滴灌技术输入液体肥（沼液），农场里的农业废弃物还可以回收作为很好的有机肥生产原料。另外有机肥的使用还能够改良农场土壤的理化性质，增强土壤保水、保肥、供肥的能力，从而提高产品的质量与产量，经过十余载土壤的润养与改良，农场的产品连续多次获得了国家绿色食品和无公害认证。

典范产品1：草莓番茄

草莓番茄也叫铁皮番茄、绿腚番茄，是一种带青肩的番茄品种类型，这类型的品种单果重在 80 ～ 150g，口味非常出众，营养丰富，口感甜酸，非常适宜鲜食。北京海华文景农业科技有限公司种植草莓番茄品种已有多年经验，种植面积为 4 000m²，全年种植，产量可达 9 000kg。

在草莓番茄的种植过程中底肥的施用非常重要，及时为番茄施足底肥，才能补充其生长的养分需求。底肥使用完全腐熟的优质有机肥，主要以沼渣为主，根据土壤质量、番茄品种和栽培时期的不同，沼渣使用量约为每年每亩施加 10t。将有机肥均匀撒施在地里，然后进行翻耕起垄，翻耕的深度选在 30cm 左右，提高番茄田间土壤的透气性和疏松性，促进番茄的生长，帮助番茄根深苗壮。此外，还要注意氮、磷、钾及中微量元素的肥料使用，后期添补施用氮、磷、钾各种水溶肥，为番茄的生长提供营养，提升番茄的口感和商品性。

通过有机方式种植出的草莓番茄果型美观，果色粉红带青肩，风味独特，味浓质优深受当地市民欢迎。

典范产品2：长刺黄瓜

北京海华文景农业科技有限公司种植黄瓜已有 5 年多时间，品种为中农 26 号，种植面积为 2 000m²，全年种植，产量可达 7 500kg。

在长刺黄瓜种植过程中，始终坚持全年用肥。50%～70%以有机肥的形式使用，主要以沼渣为主，每年每亩使用量约10t。有机肥的施用能够改善土壤、恢复土壤团粒结构、增加土壤通透性，可以减弱在黄瓜种植过程中由大水、大肥带来的土壤酸化、表层土壤盐渍化、根结线虫严重、病虫害增加等现象。后期添补施用氮、磷、钾各种水溶肥，作为黄瓜施肥过程中的追肥，主要用于促进黄瓜生长，提高产量。

通过有机方式种植的黄瓜具有生长势强，节成性好，瓜条发育速度快的特点，口感好，产量高，持续结果能力强。

典范产品3：红颜草莓

红颜草莓又称红颊，是章姬与幸香杂交育成的早熟栽培品种良种。北京海华文景农业科技有限公司种植红颜草莓品种已有4年多时间，种植面积为3 400m²，每年秋季育苗，冬季与翌年春季进行采收，年产量可达10 000kg。

红颜草莓植株直立高大、长势强，叶片大且厚、绿色有光泽，根系生长能力和吸收能力强。果实整齐且大，呈圆锥形；果面深红色，富有光泽；果肉较细，甜酸适口，香气浓郁。品质优，商品率高，平均单果重为25g左右。

在定植前15～20天施加经过充分腐熟的有机肥约15t，耕翻施入。定植后保持垄面湿润，直到成活。后期施加氮、磷、钾水溶肥。在植株管理过程中及时摘除老叶、病叶、枯叶，在成活10～15天后追施1次氮肥，一个半月后选留4～5片新叶，追施钾肥，覆盖黑色或银黑双色地膜。

联系人	郭立军	联系电话	13801023610
传　真	无	电子邮箱	99726282@qq.com
通信地址	北京市密云区北庄镇朱家湾村蜗牛小镇	网　址	无

北京奥仪凯源蔬菜种植专业合作社

北京奥仪凯源蔬菜种植专业合作社成立于 2009 年 5 月 7 日，注册资金 530 万元。是以农业技术咨询、技术服务，农产品及农副产品的科研开发、种植、销售为主的农业合作社。合作社占地面积 350 亩，地处穆家峪镇前栗园村村北，周边空气清新，四季分明，光照充足，昼夜温差大，土壤肥沃且富含丰富的矿物质，保水保肥性较好，是实施原生态绿色农业的理想地域。

拥有高标准日光温室 43 栋以及高品质梨园 1 处，主要种植各种草莓、番茄以及"玉露香"梨等经济作物。对草莓的科研、育种、种植等有一整套科学管理办法，其中自主研发的草莓品种——"小白草莓"于 2014 年 8 月通过国家种子局鉴定，成为北京第二例自主研发草莓品种，并在 2015 年第十届中国（大连·金州）草莓文化旅游节中国精品草莓擂台赛上获得金奖。

园区拥有 500m² 连栋温室一栋，其中 4 000m² 用于草莓的立体种植及品种展示，1 000m² 作草莓科普馆使用。

典范产品：草莓

草莓在种植过程中底肥采用商品有机肥，追肥采用腐蚀酸类或大量元素水溶肥，每亩用量 4kg，全生育期合理施肥，确保植株生长旺盛，株形直立高大，叶色嫩绿，叶数少。花茎粗壮，单株花序数 3 ~ 5 个，花量较少。花穗大，花轴长而粗壮，花序抽生连续。结果性好，畸形果少。果型大，一、二级序平均单果重 26g，最大单果重 50g 以上。果实呈圆锥形，表面和内部色泽均呈鲜红色，外形美观，富有光泽。

酸甜适口，可溶性固形物含量平均为 11.8%，香味浓，口感好，品质极佳。硬度适中，耐贮运性好。

联系人	郑海燕	联系电话	13810213856
传　　真	010-61069098	电子邮箱	无
通信地址	北京市密云区穆家峪镇前栗园村村北100米	网　　址	无

北京和合园种植专业合作社

北京和合园种植专业合作社成立于 2013 年，合作社位于河南寨镇两河村，基地实现了全程机械化、水肥一体化。基地设有专业的技术人员及管理人员，从业农户社员均经过统一技术培训，按照统一生产规程作业，已被评为密云区区级示范社。

河南寨镇两河村基地主要生产鲜食玉米和甘薯，该基地属于三优田示范基地、北京市农业技术推广站示范基地、绿色认证基地。基地采用生物防治病虫害，沼液做基肥，拒绝农药和化肥。鲜食玉米有鲜嫩多汁的水果玉米、唇齿留香的糯玉米、香甜可口的甜糯玉米，均优选国内优质品种，口感良好，非转基因。甘薯基地主要起示范和实验作用，多种实验同时进行，从国内外引进并培育甘薯实验品种 500 多个。

基地使用北斗导航自动驾驶，无人驾驶机械化起垄（覆膜）铺带、起垄覆膜机铺地膜、铺设滴灌管灌溉等多种先进技术。筛选出口感好、有特点的农产品与当地电商合作销售，并开放线下采摘。种植农产品味道甜美，全程采用绿色防控标准，为消费者提供了从种植到收获再到餐桌的安全、美味、健康的新鲜食材。

典范产品：甘薯

甘薯对于土壤的要求非常高，除要求土层深厚、疏松以外，还要肥沃适度，才能源源不断地供给甘薯所需的养分，使其地上部和地下部协调生长。北京和合园种植专业合作社基地为砂壤土，虽保证了土层深厚、疏松，但有机质含量低，为此自 2014 年起，开始在种植前使用生物肥料进行调理，使用肥料含 65% 有机质和 2 亿 /g 的复合菌群，在甘薯起垄前用抛肥机械每亩撒施 1t，经过连续几年的使用，经测定土壤有机质含量有了明显提高，甘薯产量及口感都有大幅度的改善。

甘薯膨大期是甘薯急速需肥时期，为保证甘薯的养分供应，在施足底肥的情况下要进行叶面喷施，提高甘薯产量及增强甘薯抗逆能力。以新鲜动物血液为原料，采用韩国先进技术生产的含 17 种氨基酸高效生物活性肥料——脉动 24 在雾霾、低温条件下仍能被农作物高效吸收，是绿色、无公害、有机农业种植的首选产品。在作物生长的中后期，可将本品稀释 300 ~ 400 倍液进行叶面喷施。一般 10 ~ 15 天喷施一次。本品是以动物血液为原料，有机补铁效果好。甘薯使用 2 次后，农产品味道纯正鲜美。

联系人	安立辉	联系电话	13811197356
传　真	010-89012005	电子邮箱	434389615@qq.com
通信地址	北京市密云区河南寨镇两河村	网　址	www.mygsgz.com

北京慧田蔬菜种植专业合作社

北京慧田蔬菜种植专业合作社是国家级合作社、市级全程标准化基地、绿色防控基地、市农业产业化先进单位、区级节水示范基地、区级设施蔬菜生产示范基地还是"三品"及GAP认证基地。

在肥料应用上始终遵循平衡施肥原则。在肥料品种选择上采取有机肥为主，化肥为辅；在肥料施用方式上配备物联网监控系统，积极采取水肥一体化技术，使基质可循环利用，降低成本，减少对环境的污染；全面应用滴（喷）灌等节水技术、测土配方施肥技术，实现精准施肥；在肥料使用方法上，300亩设施蔬菜底肥全部撒施有机肥，追肥则运用水肥一体化设备滴灌大量元素水溶肥。

园区所有蔬菜产品生产过程中均严格执行相应肥料使用准则，优选生态环保型肥料，同时根据不同设施蔬菜的需肥特点规律，把水分、养分定时定量，按比例直接提供给作物，促进肥料的高效利用，实现节水节肥，有效保证蔬菜产品的质量安全和品质特色。

典范产品1：食用菊花

食用菊花，性甘、微寒，具有散风热、平肝明目之功效，营养价值丰富。慧田食用菊花是全国名特优新产品，经过无公害认证。慧田合作社经过7年的反复试验，让食用菊花采摘季长达8个月，亩产量可达近1 000kg。

典范产品2：有机韭菜

慧田有机韭菜，获得有机认证，拥有专利号，一年一茬，拥有2项国家发明专利，专利号200610086560.9、200610156347.0。

联系人	王诗慧	联系电话	13718107933
传　真	无	电子邮箱	Bjzzhzs@2126.com
通信地址	北京市房山区琉璃河镇周庄村	网　址	无

北京巨海阔种植专业合作社

北京巨海阔种植专业合作社是一家以经营果蔬种植、生产及销售为主要业务的股份制专业合作社。合作社成立于 2015 年 4 月,是国家级示范基地。基地位于水源保护地密云水库的南侧、毗邻美丽潮白河的密云区巨各庄镇霍各庄村东。这里远离城市的喧嚣、重工业的污染、为果蔬的种植和生长提供了优越的自然环境。合作社种植园区占地 80 亩,主要以草莓、原味 1 号番茄、果菜、水培菜为主,是密云区经营水果、蔬菜种植规模较大的专业合作社。合作社倡导"原生态、慢生长",遵循绿色种植,在生产管理过程中实行统一管理,全程不使用化肥催长、高浓度农药、激素、除草剂,真正做到天然绿色食品,让瓜果蔬菜回归原有的味道。

典范产品1: 原味1号番茄

合作社的原味 1 号番茄酸酸甜甜的,汁水浓郁,味道十足。想要口感好,肥很重要。在整个种植过程中,选用的底肥是羊粪,追肥选择大量元素水溶肥,每亩 3kg 的用量随水冲施。水溶肥含有大量元素氮、磷、钾、钙及微量元素铁、镁、锌、铜等,能够均衡地为番茄补充养分,提高它的长势和抵抗力,减少病害的发生,更能够预防营养不良,保花保果,促进番茄的膨大和均匀上色,防止畸形和裂果等现象,促进糖分和淀粉的沉积,让番茄个头大,酸甜可口,口感极佳。

典范产品2: 草莓

基地的草莓种植过程既要保证绿色又要保证口感和产量,在肥料的选择上和用量上特别关键。在草莓整个种植过程中,底肥使用羊粪。追肥也很关键,做好草莓追肥不仅可促进增产,还可大大提高草莓品质。追肥使用的是大量元素水溶肥,每亩地用 3kg 的水溶肥随水冲施。大量元素水溶肥的优点是含有大量元素氮、磷、钾、钙及微量元素铁、镁、锌、铜等,能快速促进根部生长,强力吸收养分,提高草莓根系延展性和繁殖能力,改善品质。水溶肥还可以膨大果实,促进果实发育,减少养分不足造成的畸形,增加草莓的色泽度。

联系人	孔祥艳	联系电话	13716406518
传　真	无	电子邮箱	juhaikuo@163.com
通信地址	北京市密云区巨各庄镇霍各庄村	网　址	无

北京季庄村蔬菜种植专业合作社

北京季庄村蔬菜种植专业合作社成立于 2009 年，位于密云区季庄村村西，占地面积 2 488.9m²，办公、冷库、植检等设施齐全。合作社现有成员 397 户，现有老式大棚及新建下挖式大棚共计 417 栋，园区设施农业占地面积 810 亩，以种植各种蔬菜和花卉为主。

园区内种植的黄瓜、菜豆、番茄、花椰菜通过了北京市农业农村局"无公害农产品"认证。

合作社种植的原味番茄在 2019 年度首届京津冀鲜食番茄擂台赛评比中荣获优秀奖；2019 年 11 月"季庄蔬菜合作社"商标更是在北京农业产业化龙头企业协会等 4 家单位的联合评比中被授予"2019 年北京农业好品牌"的光荣称号。

典范产品1：芹菜

季庄村种植芹菜历史悠久。由于季庄村独特的"夜潮地"非常适合芹菜的习性，所以长出来的芹菜实心、品相好，口感清脆、味道浓郁，被广大的消费者冠以"小铁杆"之称。

施肥主要以天然经过发酵的牛粪为主，用量在 4 000～5 000kg/ 亩。使用天然肥料可使芹菜的口感清脆、味道浓郁，达到绿色食品的标准。

典范产品2：番茄

番茄在园区内种植较为广泛。肥料主要以经过发酵的鸡粪为主，间或滴灌圣诞树水溶肥。牛粪当作为底肥使用时，用量在 4 000～5 000kg/ 亩，后期冲施圣诞树水溶肥，一季冲施 6～8 次，根据实际情况可适当增减。部分基质栽培的冲施营养液，营养液 A、B 肥各 1 袋，每袋 10kg。一般准备 A、B、C 3 个母液桶，桶的大小根据实际情况，一般为 100～200L 容量，可配置成 100～200 倍的浓缩液，一般来说，将 A 桶注入一半的水，加入 10～15kg 的 A 肥，边搅拌边加满水，直至肥料完全溶解；将 B 桶注入一半的水，加入与 A 肥等量的 B 肥，边搅拌边加满水，直至肥料完全溶解；将 C 桶注入 4/5 桶的水，带好防护措施缓缓加入浓磷酸设定施肥机，注意 EC 值的变化。

典范产品3：黄瓜

黄瓜作为百姓餐桌上最常见的蔬菜在园区内种植较多。施肥主要以经过发酵的牛粪为主，间或滴灌圣诞树水溶肥。牛粪当作为底肥使用时用量在 4 000 ~ 5 000kg/ 亩，根据实际情况可适当增减。黄瓜口感清脆，后口回味瓜味浓郁。

联系人	任纪冉	联系电话	18611568666
传　真	010-61069098	电子邮箱	2366372082@qq.com
通信地址	北京市密云区密云镇季庄村村西200米	网　址	无

北京军兴广达农产品产销专业合作社

北京军兴广达农产品产销专业合作社位于密云区西田各庄镇董各庄村东，占地300亩，是一家从事蔬菜、水果种植及农产品销售的专业合作社，园区建有300m²保鲜库，900m²包装车间，1 500m²电教室，蔬菜、水果种植棚77栋，高架水培韭菜棚3栋，高架草莓棚17栋，高标准下沉式高架草莓棚2栋，草莓育苗棚6栋，基质种植番茄2栋，蓝莓种植棚30栋，樱桃种植棚10栋，共计147栋。设施完善，管理先进，全年种植蔬菜水果，蔬菜年产量2.5万kg，水果年产量10万kg，2019年营业收入500万元。2015年、2018年均被评为北京市"菜篮子工程"先进单位，在优质果品草莓比赛中获得三等奖。2016年被北京市评为北京市标准生态园建设单位。园区蔬菜水果均获得无公害产品认证标准。

典范产品1：草莓

草莓定植后，花果叶生长贯穿整个生育期，所以要合理使用肥料。选择氮磷钾比例约为1：0.4：1.5的肥料，用后不脱肥、不断茬，吸收好，使草莓根深叶茂、不早衰、抗寒、抗旱、抗逆，产量增加。选用磷钾比52：34的肥料，可使花芽分化整齐。在显蕾期，可适当补钙镁硼锌合成粉，粉的主要成分还有碳水化合物（葡萄糖、果糖、蔗糖、糊精、淀粉、半纤维素、纤维素）、氨基酸、脂类（磷脂类、糖脂类、固醇类）、维生素。

苗期和幼果期使用氮磷钾比例为20：20：20的平衡肥，每亩7.5kg分3次使用。如底肥足可少施。果实颜色绿白期补钾锌、低磷、高硼，可使果实发紫。

氮磷钾比例为18：9：30的大量元素水溶肥，每亩40～50kg，每月分4次使用。果期以800倍液冲施，精确调配施肥。

幼果果实膨大期间可补施硝酸钙（酸性土壤用）和其他螯合钙肥，每茬果每亩用5～7.5kg，混合硼酸、氨基酸分两次冲施。幼果期越早补钙，越利于钙的吸收。

典范产品2：水培韭菜

一、基质

备料：珍珠岩、土壤调理剂（颗粒）

使用方法：珍珠岩和土壤调理剂的比例为9：1。

二、营养液

植物氨基酸液肥、一型复合菌按1：1：（100～500）比例兑水稀释。

三、追肥

苗高10cm时，喷施通用型植物氨基酸液肥、二型复合菌2次，按1：1：500比例兑水稀释，间隔时间为10～15天。

每茬韭菜收割后，喷施通用型植物氨基酸液肥、一型复合菌和营养调理剂2～4次，按1：1：0.5：500比例兑水稀释，间隔时间为10天左右。

每次喷灌时，喷施通用型植物氨基酸液肥、一型复合菌和营养调理剂，按1：1：0.5：500比例兑水稀释。

联系人	赵剑	联系电话	13911167252
传　真	010-69086334	电子邮箱	2860005910@qq.com
通信地址	北京市密云区西田各庄镇董各庄村	网　址	无

北京康顺达农业科技有限公司

北京康顺达农业科技有限公司成立于 2009 年 7 月，占地面积 1 000 亩，注册资金 2 000 万元。"康顺达"生态园区地处密云区河南寨镇平头村西，现有温室大棚 150 栋、春秋大棚 228 栋、连栋温室 3 500m²。依托密云区优质的生态环境和地理优势，康顺达作为密云大型农业企业，带动地区农业发展，公司营销中心联营带动周边农业合作社农副产品，逐步形成了以"康顺达"品牌为核心的初具规模的地区性产销链，经营范围扩大到以下范围：农业技术开发，技术咨询、培训，技术转让，技术服务；种植销售蔬菜、水果、杂粮、薯类等农作物，饲养家畜、家禽；陆地养殖、水面养殖，销售禽蛋鱼肉等农副产品；接待个人、团体采摘休闲活动，以及开办"家庭农场"、科普课堂等休闲农业开发项目。公司不断拓展经营领域，推动了密云农业的整体发展。

典范产品1：番茄

康顺达主要种植中型果和小型果番茄，品种有原味番茄、草莓番茄、黑珍珠番茄、粉贝贝番茄等。温室大棚一年两茬，底肥一般施用商品有机肥约 3 000kg/ 亩或农家肥 5m³/ 亩、复合肥 25kg/ 亩左右。施足基肥，一般在番茄坐果初期追施微生物菌肥，随水滴灌施用，能够有效促进植株根系生长。在番茄结果进入采收期时，可进行喷施 2 ~ 3 次叶面肥，每 15 ~ 20 天一次，或随水追施水溶肥料（大量元素水溶肥）2 ~ 3 次，用量 3kg/ 亩，能够有效保障番茄生长后期营养需求。

典范产品2：黄瓜

康顺达主要种植的黄瓜品种有荷兰黄瓜、月脂黄瓜、迷你水果黄瓜（金童玉女）等。底肥施用商品有机肥约 3 000kg/ 亩或农家肥 5m³/ 亩、复合肥 30kg/ 亩左右。黄瓜是一种根系较浅，但又需肥量较大的蔬菜，一般坐果前可适当追施微生物菌肥，随水滴灌施用，促进黄瓜植株根系生长和营养吸收。在黄瓜进入采收期后，要适当冲施水溶肥料，亩用量 3kg/ 亩，每 15 ~ 20 天 1 次，共 3 ~ 5 次，间期根据棚室情况（温湿度）可喷施叶面肥 3 ~ 4 次，保障黄瓜生长的营养需求。

联系人	李岩伟	联系电话	13911564979
传　　真	无	电子邮箱	无
通信地址	北京市密云区河南寨镇平头村	网　　址	无

北京市弘科农场

北京市弘科农场位于房山区石楼镇襄驸马庄村,紧邻京昆高速韩村河出口,占地面积230亩(含40亩林地、20亩露地、2亩水塘),现有80栋日光温室,是房山区一个集食用菌菌种蔬菜种苗繁育、试验示范推广、农业科普等为一体的综合性农业科研基地。

典范产品1:番茄

农场爆款商品,采用荷兰进口熊蜂授粉,自然生长、成熟,无激素,口感爆浆,风味足,味道正。

典范产品2:黄瓜

农场明星商品,优选品种,温室自然生长,生物、物理防治病虫害,口感清脆爽口,瓜瓤多汁柔嫩。

联系人	许鹤鸣	联系电话	18801392996
传　　真	无	电子邮箱	251958541@qq.com
通信地址	北京市房山区石楼镇襄附马庄村北京市弘科农场	网　　址	无

北京南山农业生态园有限公司

北京南山农业生态园有限公司的生态园是以生态农业为基础，以科学技术作支撑，以低碳环、循环高效为理念的园区。公司先后完成了对辣椒、茄子、草莓、西葫芦、黄瓜、番茄等蔬菜水果的绿色认证。园区蔬菜先后以优质蔬菜的身份荣登"星光大道"和"智慧树"栏目，园区产出的蔬菜和水果以品质上乘、口感优秀、营养丰富而深受消费者的赞赏。园区蔬菜水果的种植生长过程中坚持的种植原则是肥料全部采用有机肥，生物菌肥作为主要肥料；采取以物理、生物方法为主结合生物制剂等防虫防病；园区全部通过人工除草，不使用化学除草剂；土壤已做灭菌处理；杜绝使用转基因品种。

典范产品1：草莓

园区的黄瓜种植，在种植之前，撒施纯羊粪作为底肥。羊粪中含有丰富的有机质、氮磷钾和植物所需的钙镁等微量元素，营养全面，肥效作用时间长，为黄瓜的高产、优产打下了坚实的基础。黄瓜暖棚撒施底肥羊粪 2 500kg/ 亩，随后进行深耕，使羊粪与土壤充分混合后，再进行打垄栽苗。

在黄瓜生长过程中追施大量元素水溶肥料，根据黄瓜的生长情况，将大量元素水溶肥料进行水溶，利用水肥一体化设备将水溶肥冲施到黄瓜根部。一般情况下每亩的用量在 5～7kg，因为这种肥料具有高纯度、全水溶、全营养、不含激素等特点，特别适合水肥一体化农业施用，而且该肥料采用的是全新螯合技术处理，能使养分保持离子状态，更好地促进养分平衡、吸收，不产生拮抗，有效地防止作物缺素和营养过剩的情况。所以园区采用了以上两种肥料作为黄瓜种植肥料。

典范产品2：草莓

草莓是一种在种植过程中要特别注重肥水管理的作物，如果肥水管理不当，对草莓的产量和品质都会造成非常不好的影响。草莓在栽苗之前应该施足底肥，园区在种植之前，在草莓棚施入羊粪3 000kg，随后进行深翻，在草莓的生长过程中每间隔6～10天冲施一次大量元素水溶肥，用量每亩控制在3～5kg，在具体过程中可以根据草莓的长势进行适当的调整。

除了施用大量元素水溶肥之外，在草莓生长过程还搭配使用微生物菌剂，这种菌剂能提高土壤活性，增强根系的吸收能力，调节草莓的抗病能力。

联系人	郝晓建	联系电话	15300079973
传　真	无	电子邮箱	870286895@qq.com
通信地址	北京市密云区河南寨镇北单家庄村	网　址	无

北京南山鑫农蔬菜种植专业合作社

北京南山鑫农蔬菜种植专业合作社成立于 2015 年，是一家专业种植无公害蔬菜的机构，专业打造本乡本土原汁原味特色果蔬，打破原始种植方式，由专业人员对果蔬进行无土栽培和无菌有氧土壤种植。合作社依托密云本地的优质农产品资源，通过互联网渠道（如淘宝、天猫、京东、微信商城等）等第三方平台进行农产品的推广和销售。线下与机关食堂、银行机构等部分合作。

合作社有着多年培植绿色蔬菜种植经验，是集优良种子的选定、育苗、培植、生产、销售于一体的专业蔬菜种植企业。近几年，南山鑫农无公害农产品打破传统销售渠道，适应市场需求叩响中国电商市场大门。秉承网络文化，倡导健康，深知家家户户绿色菜篮子的问题，坚守"南山鑫农，心系万家"的品牌理念。

典范产品1：草莓

在种植过程中，底肥采用有机肥，其间追肥采用园林苗圃专用肥或大量元素水溶肥，每亩用量 80kg。全生育期合理施肥，确保：植株生长旺盛，株形直立高大，叶色嫩绿，叶数少；花茎粗壮，单株花序数 3 ～ 5 个，每序平均着生 8.6 朵花，花量较少，花穗大，花轴长而粗壮，花序抽生连续；结果性好，畸形果少；果形大，一、二级序平均单果重 27.2g，最大单果重 43g 以上；果面红色、平整、光泽好；果实硬度较好；果肉红色、致密、髓心小；风味酸甜适口，可溶性固形物含量平均为 8.3%，品质上等；果实硬度较大，果皮韧性强，耐贮藏运输。

典范产品2：番茄

在种植过程中，底肥采用有机肥，其间追肥采用园林苗圃专用肥或大量元素水溶肥，每亩用量 70kg。全生育期合理施肥，促茎叶生长。合作社种植的番茄花序总梗长 2 ～ 5cm，常 3 ～ 7 朵花，花萼辐状，花冠辐状，浆果扁球状或近球状，肉质而多汁液，种子黄色，花果期夏秋季。

第一穗果开始膨大后进行第二次追肥，促果实膨大，第一花序开花期间应控制灌水，防止因茎叶生长过旺引起落花落果。第一穗果坐果后，植株需水较多，应及时灌溉，有利于果实成熟，提高产量和品质，使果实硬度较大，耐贮藏运输。

典范产品3：黄瓜

在种植过程中，基肥以有机肥为主。应用秸秆生物反应堆技术，既可有效提高地温，增加土壤有机质，改善土壤环境，又可减轻病害发生，改善产品品质，而且增产效果突出。定植密度为 4 000 ~ 4 500 株 / 亩，大小行定植，小行距 40cm，大行距 80cm，株距 25 ~ 30cm，单瓜重前期 100 ~ 150g，中后期 150 ~ 250g，尤其根瓜必须早采，使上部的瓜和蔓同时生长。

联系人	李晓莹	联系电话	13718697698
传　真	无	电子邮箱	159430810@qq.com
通信地址	北京市密云区河南寨镇北单家庄村南街27号内1	网　址	无

北京市广泰农场有限公司

北京市广泰农场有限公司位于北京市房山区琉璃河镇务滋村，总占地220亩，种植面积210亩，建有自动化育苗温棚3座。有1 500m²的农产品加工车间，内有1 000m²的恒温冷库。

公司主要从事初级农产品的种植、养殖、初加工、销售。基地主要种植品种有西兰花、娃娃菜、生菜、土豆、黄瓜、番茄、冬瓜等。拥有先进的保鲜、加工、冷藏设备和规模化的操作流程及加工、检测、贮藏技术。选用优良品种，使用现代化种植技术，以确保蔬菜科学生产和优质供应。

作为无公害、良好农业认证基地，从产品的育种到采摘全程管控，科学、规范、合理使用肥料和农药，提供生态健康的农产品。

典范产品1：西兰花

西兰花是基地主要种植品种之一。它是花菜的一种，又称青花菜。营养成分全面，使用价值高，素有"素菜皇冠"之称，有预防癌症、保护肝脏、抗衰老、预防心血管疾病、稳定血糖等功效。

基地选用耐寒优秀品种，生长强势，叶片蜡质厚，叶柄短，花蕾小而紧密，鲜绿色。

典范产品2：娃娃菜

娃娃菜是一款蔬菜新品种，外形与大白菜相似，但外形尺寸仅相当于大白菜的1/4，故被称为娃娃菜。

娃娃菜味道甘甜，富含维生素和硒，叶绿素含量较高，具有丰富的营养价值，还含有丰富的纤维素及微量元素，有利于增强抵抗力、促进消化。

基地选用金龙黄作为种植品种，每年种植上百亩。它外叶深绿，内叶鲜黄色，口感细腻润滑。

典范产品3：冬瓜

冬瓜为葫芦科植物，膳食纤维含量高，有改善血糖、降血脂功效。性寒味甘、清热生津，富含维生素 C，钾盐含量高。

基地选择黑优一号作为种植品种，它生长旺盛，果实呈炮弹形，肉质紧密，表皮墨绿色。

联系人	李亚娟	联系电话	13269299656
传 真	010-80395815	电子邮箱	2491095058@qq.com
通信地址	北京市房山区琉璃河镇务滋村	网 址	无

北京泰华芦村种植专业合作社

北京泰华芦村种植专业合作社创立的"芦西园"都市型现代农业产业成立于2009年，基地位于北京市房山区窦店镇芦村河西。园区种植面积1 200亩，建设了高标准的日光温室、连栋温室、冷库加工车间、集约化育苗温室、产品初加工厂房、检测室等配套设施。目前合作社已分区域获得无公害、绿色、有机、GAP认证，获得了国家级农民专业合作社示范社、农业农村部全国种植业产品质量可追溯制度建设暨良好农业规范（GAP）认证示范基地、科技套餐工程都市型现代农业示范基站、农村实用人才教学参观示范点、北京市京郊旅游特色业态采摘篱园等荣誉称号。合作社注册的"燕都泰华"商标获得了农业农村部授牌的一村一品示范蔬菜品牌。合作社通过订单产销合作、会员配送、电子商务等方式，将所有产品全部供给北京市场，得到了广大市民和会员的认可。

典范产品1：草莓

草莓含有丰富的维生素C，是老少皆宜的水果。芦西园的草莓已获得了绿色认证。在草莓种植中集成了全程标准化管理措施和全程绿色防控技术体系。在草莓生长全过程中，采用土壤深翻改良、农家肥腐熟发酵、蜜蜂授粉、天敌防治等手段，遵循植物生长规律，运用现代技术手段保护每颗草莓都在自然、生态的环境中成熟，果实圆整饱满，颜色鲜亮，纯绿色无污染。

典范产品2：黄瓜

黄瓜肉质脆嫩，汁多味甘，生食生津解渴，有清热、解渴、利水、消肿之功效且有特殊芳香。合作社的黄瓜已分区域获得绿色、有机、GAP认证。种植的土壤采用轮作休耕的方式，底肥全部使用腐熟的有机肥。植保采用天敌防治、黄蓝板等措施解决害虫问题，适量使用微生物、植物提取液等措施解决病害问题，坚决不使用有危害性的化学农药。管理模式采用统一购买生产资料、统一种苗、统一技术指导、统一生产标准、统一包装销售、统一产品品牌的"六统一，六服务"现代管理模式，确保产品源头安全，从而保障舌尖上的安全。

联系人	于丽丽	联系电话	13260188452
传　真	010-69391226	电子邮箱	343847819@qq.com
通信地址	北京市房山区窦店镇芦村村民委员会西2km	网　址	无

北京颐景园种植专业合作社

北京颐景园种植专业合作社是无公害、绿色及 GAP 认证基地,同时又是农业农村部蔬菜绿色高质高效示范基地、市级全程标准化、市级种植业生态园和化肥减量增效试点。基地面积 90 亩,主要生产设施蔬菜,品类以茄果类、瓜类、豆类、草莓等为主。园区所有蔬菜产品生产过程中始终遵循平衡施肥原则,严格执行肥料使用准则,根据不同设施蔬菜的需肥特点和规律,制订相应施肥方案,底肥全部施用有机肥,6 栋温室蔬菜追肥则运用水肥一体化设备滴灌大量元素水溶肥。生态环保优质肥料的应用,进一步提高了肥料利用率,实现了节水节肥,改善了产地环境条件,有效保证了蔬菜产品的质量安全和品质特色。

典范产品1: 红颜草莓

北京颐景园种植专业合作社,根据红颜草莓自身需肥的特点和规律,制定了相应的方案,底肥全部施用有机肥料,追肥则运用水肥一体化设备滴灌大量元素水溶肥。促使草莓植株长势强,株态较直立,抗寒性较强,质量安全及品质得到了有效的提升。

典范产品2: 京彩8号番茄

北京颐景园种植专业合作社种植的京彩 8 号番茄定植前期底肥全部施用军龙源有机肥料,进行翻耕、定植,追肥运用水肥一体化设备滴灌易普施大容量水溶肥,促使番茄苗植株长势强,果形饱满,口感粉糯,酸甜度适宜,有独特的香气。

典范产品3: 京甜3号甜椒

北京颐景园种植专业合作社种植的京甜 3 号甜椒定植前底肥全部施用军龙源有机肥料,进行翻耕、定植,追肥运用水肥一体化设备滴灌易普施大容量水溶肥,促使甜椒植株体粗壮而高大,果梗直立或俯垂,果实饱满。

联系人	王立苹	联系电话	15901331427
传　真	无	电子邮箱	807493520@qq.com
通信地址	北京市房山区大石窝镇北尚乐村村委会东10m	网　址	无

北京亿亩地农业发展集团有限公司

北京亿亩地农业发展集团有限公司成立于 2017 年，注册资金 5 000 万元，是一家集绿色种植、文化旅游、养老养生为一体的多元化产业集团。亿亩地园区位于密云区东邵渠镇西邵渠村，占地面积 110 亩，在职员工 35 人，现有温室大棚 52 栋、春秋棚 22 栋，主要种植蔬菜、水果等农作物，全年种植蔬菜品种超过 80 余种，涵盖果菜类、花菜类、根茎类、地上茎类、叶菜类等，水果以草莓、甜瓜为主，全年实现年产量 400 ～ 500t，年产值 700 万 ～ 800 万元。集团以亿亩地品牌为核心，依托于中国农业科学院技术支持，打造高品质绿色农产品，现有会员 1 200 余家，园区可承接个人、团体采摘休闲活动，开办家庭农场等休闲农业开发项目。

典范产品1：番茄

园区定植的是土耳其番茄，该品种具有肉厚多汁、酸甜爽脆、口感突出等特点，定植前 15 ～ 20 天，棚内施腐熟有机肥（牛羊粪）5t，起到改善土壤、防治土壤板结等功效，耙田用有机肥 30kg，施肥后深耕耙平浇透水，定植株距 35cm，每亩定植 3 500 株，待植株长至 40 ～ 50cm 时吊绳，为保证产量与口感，可采用雄蜂授粉，待每穗果长到核桃大小时，选用海发—德欧平衡冲施肥 10kg 追肥，保花增产。此款冲施肥氮磷钾利用率较高，壮苗膨果效果显著。待果实成熟时，施以海发—德欧 3 号高钾冲施肥 10kg，增加果实糖度。此款冲施肥钾的吸收利用率较高，增加口感效果明显。

典范产品2：阿鲁斯网纹瓜

园区定植的阿鲁斯网纹瓜，果肉软糯细腻，香味浓郁扑鼻，糖度稳定在 15° 以上。定植前 15 ～ 20 天，棚内施腐熟有机肥（牛羊粪）5t，耙田施有机肥 30kg，施肥后深耕耙平浇透水。起垄定植株距 40cm、行距 140cm，双行标准定植。当甜瓜长到 30 ～ 35cm 后吊绳，摘除老叶及部分雄花等，定植后 30 天可追肥，施以海发—德欧平衡冲施肥 10kg。在 12 ～ 15 片叶时留瓜，授粉在 8：00—10：00 进行。当甜瓜长到鸡蛋大小时，浇大水，促进膨果，裂纹期间控制好温湿度，采收前进行控水，防止炸瓜。

典范产品3：生菜

园区定植特色生菜有紫直立生菜、彩色生菜、紫球生菜、奶油生菜等。紫叶生菜具有观赏性且营养价值高，含有花青素，有抗衰老及抗癌的功效。定植前棚内施腐熟有机肥(牛羊粪)5t，起到改善土壤、防治土壤板结等功效，耙田施有机肥30kg，施肥后深耕耙平，根据气候情况及栽培方法，选择适宜播种期,定植15天缓苗后可施以海发—德欧平衡冲施肥20kg追肥。生长期可增加黄篮板及杀虫灯，有效防治蚜虫及蛾类。

联系人	王志刚	联系电话	15811237737
传　真	无	电子邮箱	610543012@qq.com
通信地址	北京市密云区东邵渠镇西邵渠村南1 500m亿亩地	网　址	无

江苏多福山农业发展有限公司

江苏多福山农业发展有限公司成立于2018年3月，主要经营范围：农业技术研发、技术转让、技术咨询和服务；食品生产销售；农资经营；蔬菜、水果、花卉、粮食种植和销售；观光旅游等，注册资金1 000万元。公司地址位于310国道和251省道交界处，地理位置优越。公司设置办公室、财务室、技术部、市场部、网络销售部。公司拥有大米加工设备1套，建成了蔬菜分拣车间1 800m²，蔬菜清洗分拣设备2套，公司员工30多人。2018年11月被上海市商务委

员会命名为上海市外延蔬菜生产基地，在上海设立了直营店，和食行生鲜公司签署供应协议。江苏多福山农业发展有限公司拥有虾稻共作基地3 000余亩、富硒大蒜种植基地1 000余亩、优质桃基地300余亩，并连续3年蝉联江苏省优质桃果大赛金奖。

典范产品1：优质桃

江苏多福山农业发展有限公司拥有优质桃基地300亩，自2018年以来参加江苏省优质桃果大赛并连续三年荣获金奖。

典范产品2：大蒜

为了不断调优大蒜产业结构，改变单一的种植模式，提高大蒜销售市场竞争力，除了传统的白蒜以外，自2018年起，车辐山镇与河南省农业科学院合作，引进富硒大蒜新品种进行试种。富硒蒜产量高、个头大，亩产干蒜在1 500～1 750kg，鲜蒜能超3 000kg。目前市场上富硒大蒜少，价格也比较可观。同样是种蒜，种富硒蒜的效益要比普通白蒜高出一两倍，这对于老百姓来说是一件好事。除了产量高以外，经上海交通大学检测，车辐山镇试种的富硒大蒜硒含量达到218μg/kg，并作为富硒大蒜标准在大蒜峰会上发布。与此同时，富硒大蒜还荣获"徐州市十大状元农产品"称号。

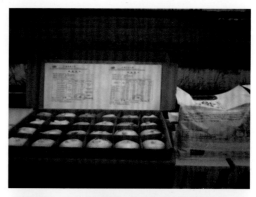

典范产品3：儿童大米

江苏多福山公司生产的儿童大米，选用徐稻9号和南粳9108两个优质品种，一年只种植一季稻，在田时间180天以上，光照充足，口感浓香醇厚，米质黏糯可口。多福山儿童大米是给孩子煲米汤和做米饭的优选大米。目前公司正在做有机水稻认证且已取得有机转换证书。

联系人	庞玉	联系电话	13952242882
传　真	无	电子邮箱	304845504@qq.com
通信地址	邳州市车辐山镇	网　址	无

绿舟梨果业发展有限公司

江苏绿舟梨果业发展有限公司成立于 2018 年 10 月，位于江苏省丹阳市东郊，紧邻常州市。公司采用最先进的龙干试水平棚架栽培模式，此栽培方式可充分利用光照，透风，简易化修剪，是目前提升果品品质最佳的栽培方式，并能结合机械化管理。梨园规划种植面积 800 亩，现已建成 420 亩梨园，今年计划新扩建梨园 150 亩。公司注重科学生产及发展，现与江苏省农业科学院农业环境与资源研究所、镇江市农业科学院果树研究所，达成产学研合作关系，并在江苏省和丹阳市两级农机推广站带动下，实现最合适和先进的梨园机械化生产。

典范产品：翠冠梨

翠冠梨属砂梨系，果实近圆形，果形指数 0.96。表皮黄绿色，果肉雪白色，肉质细嫩、柔软多汁、化渣，石细胞极少，味浓甜，可溶性固形物含量 12% ~ 14%，品质上等。单果重200g，最大 500g，果实可食率 96%。果面洁净，果核小，风味带蜜香，别有滋味，有"百果之宗"的美誉，加上在农历六月间成熟，所以又称"六月雪"，是盛夏解渴的时令佳品。果肉富含多种维生素和钙、磷、铁等微量元素，营养价值高，还具有较高的医用价值。

联系人	李鹏峰	联系电话	13775511828
传　　真	0511-86520868	电子邮箱	35740027@qq.com
通信地址	江苏省丹阳市访仙镇官庄村	网　　址	无

北京玉树种植专业合作社

北京玉树种植专业合作社位于北京市房山区大石窝镇辛庄村，是无公害和 GAP 的认证基地。在肥料应用上始终遵循平衡施肥原则，在肥料品种选择上采取有机肥为主，化肥为辅。在肥料施用方式上采取水肥一体化技术，实现精准施肥。在肥料使用方法上，450 亩设施蔬菜底肥全部撒施有机肥，追肥则运用水肥一体化设备滴灌大量元素水溶肥。园区所有蔬菜产品生产过程中均严格执行相应肥料使用准则，优选用生态环保型肥料，同时根据不同设施蔬菜的需肥特点规律，把水分、养分定时定量，按比例直接提供给作物，促进肥料的高效利用，实现节水节肥，不仅可以提高蔬菜产量也有效保证蔬菜产品的质量安全和品质特色。

典范产品1：番茄

北京玉树种植专业合作社所种植的口感型番茄京研 309，在肥料上遵循平衡施肥的原则，选择军龙源有机肥，辅以化肥。在肥料施用方式上全部采取水肥一体化技术，实现了精准施肥。追肥则运用设备滴灌大量元素水溶肥（易普施），优先选用生态环保型肥料，把水分、养分定时、定量、按比例直接供给作物，促进肥料的高效利用，使植株长势强，根系强壮，枝叶茂盛，果形饱满，口感及品质得到了提升，产量也大幅提升。

典范产品2：甜椒

北京玉树种植专业合作社种植的京甜 3 号甜椒，定植前底肥全部施用军龙源有机肥料，进行翻耕、定植，追肥运用水肥一体化设备滴灌易普施大容量水溶肥，实现了精准施肥，促使甜椒植株体粗壮而高大，果梗直立或俯垂，果实饱满。

典范产品3：茄子

北京玉树种植专业合作社所种植的京茄 3 号，定植前底肥全部施用军龙源有机肥料，进行翻耕、定植，追肥运用水肥一体化设备滴灌易普施大容量水溶肥，实现了精准施肥。秧苗长势强壮，果实饱满，产量大幅度提升。

联系人	尹小杰	联系电话	13381209360
传　　真	无	电子邮箱	807493520@qq.com
通信地址	北京市房山区大石窝镇辛庄村	网　　址	无

南京骏圣生态农业有限公司

南京骏圣生态农业有限公司成立于 2014 年 12 月，注册资金 1 200 万元，基地位于六合区马鞍街道泥桥社区，占地 3 700 亩，是集农业项目开发、生态农业观光、乡村休闲旅游、餐饮垂钓于一体的大型综合乡村旅游农场。

2015 年被评为区级龙头企业，2015 年至今，承接了省市多个项目，作为优质稻米种植基地、无公害产品产地、无公害农产品认证基地，已完成骏圣、爱芹海、泥菱香角等多个品牌商标注册，绿色产品认证也已进入最后审核阶段。

目前公司已建成高标准农田建设自动伸缩式一体化灌溉系统，技术全省首创。在建稻田管理系统智慧农业物联网项目，同时与江苏省农业技术推广总站进行产学研合作，利用其"水稻优质绿色机械化栽培关键技术集成与推广"成果，从工厂化育秧到水稻机械化栽培，实现全程机械化，采用稻肥轮作体系，提高土壤地力减少化肥使用，提高稻米品质。

近年来，公司带动本地农户建立紧密利益联结机制，科技含量高、带动农业增效、农民增收，解决农民就业、农村闲余劳动力，改变土壤结构，走有机道路，实现无污染无化学肥料的科学种植。

典范产品1：软香米

软香米优选食味稻米品种为南粳 46，其口感软糯香甜。因其精选生产基地，种植过程中采用轮作休耕、绿色植保、测土配方施肥、人工除草、机械收割、低温烘干等技术，以提供更安全、更优质、更美味的大米。软香米已进行绿色食品认证，且已完成品牌注册"泥桥香禾"。自面世以来，陆续获得南京好大米银奖、江苏省农业科学院寻找最好吃的"南粳 46"稻米活动优秀奖。

典范产品2：猫牙米

骏圣猫牙米精选稻米品种为袁两优 1000，猫牙米颗粒长，米饭清香可口，因其含糖量极低，特别适宜糖尿病人食用。生产基地经省农业委员会认证为无公害农产品产地，并获得农业农村部农产品质量安全中心颁发的无公害农产品证书。冬种紫云英养地，于泥桥水库生命源泉滋养下，严格按照绿色标准体系生产优质健康米。已通过绿色食品认证，且已完成"骏圣"品牌注册。并于 2018 年在南京市地产优质稻米评选大赛中，荣获南京好大米奖项。

典范产品3：大圣水芹

大圣水芹作为南京地方特色蔬菜品种，已有百年种植历史，优选水芹品种为样子大白芹。2019 年与南京市蔬菜科学研究所开展产学研合作，推广新技术及品种创新，按照统一生产标准，生产水芹也因其"细、长、白、嫩、脆、香"等特色显著区别于其他地产水芹而享誉大江南北。大圣水芹为绿色食品，且通过地理标志认证。

联系人	殷宏宝	联系电话	13951018777
传 真	无	电子邮箱	1349105531@qq.com
通信地址	江苏省南京市六合区马鞍街道泥桥社区	网 址	无